普 天 之 下 · 盡 是 好 書

普天出版家族
Popular Press Family

凌雲文創
A-Plus Creative Company

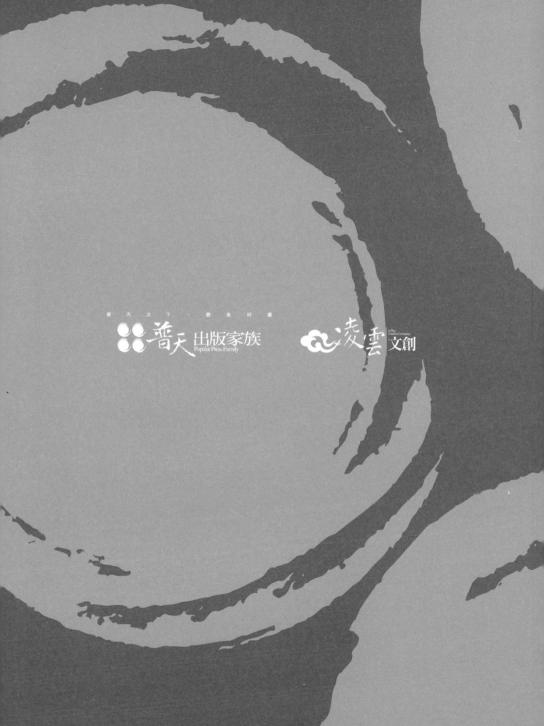

孫子兵法

活用兵法智慧，才能為自己創造更多機會

完全使用手冊

The Art of War

Thick Black Theory is a philosophical treatise written by Li Zongwu, a disgruntled politician and scholar born at the end of Qing dynasty. It was published in China in 1911, the year of the Xinhai revolution, when the Qing dynasty was overthrown.

其徐如林

《孫子兵法》強調：

「古之所謂善戰者，勝於易勝者也；故善戰者之勝也，無智名，無勇功。」

確實如此，善於作戰的人，總是能夠運用計謀，
抓住敵人的弱點發動攻勢，用不著大費周章就可輕而易舉取勝。
活在競爭激烈的現實社會，唯有靈活運用智慧，
才能為自己創造更多機會，想在各種戰場上克敵制勝，
《孫子兵法》絕對是你必須熟讀的人生智慧寶典。

聰明人必須根據不同的情勢，採取相應的對戰謀略，
不管伸縮、進退，都應該進行客觀的評估，如此才能獲得勝利。
千萬不要錯估形勢，讓自己一敗塗地。

Thick Black Theory is a philosophical treatise written by Li Zongwu, a disgruntled politician and scholar born at the end of Qing dynasty. It was published in China in 1911, the year of the Xinhai revolution, when the Qing dynasty was overthrown.

左逢源 編著

【出版序】

兵學聖典《孫子兵法》

兵學家們學習《孫子兵法》，得以步入軍事學的寶庫；軍事家們學習它，得以領悟制勝之術，政治家們學習它，得以點燃起智慧的聖光。

誕生於二五〇〇年前的不朽名著《孫子兵法》，是中國古代兵學的傑出代表。深邃閎廓的軍事哲理思想、體大思精的軍事理論體系，以及歷代雄傑賢俊對其研究的豐碩成果，對後世產生了極其深遠的影響，被尊爲「兵學聖典」、「百世兵家之師」。時至今日，《孫子兵法》的影響力早已跨越時空，超出國界，在全世界廣爲流傳，榮膺「世界古代第一兵書」的雅譽。

《孫子兵法》的問世，標誌著獨立的軍事理論著作從此誕生，比色諾芬（西元前四〇三年～西元前三五五年）的號稱古希臘第一部軍事理論專著《長征記》要早一百多年。至於古羅馬軍事理論家弗龍廷（約三五年～一〇三年）的《謀略例說》、韋格蒂烏斯（四世紀末）的《軍事簡述》，更是遠在其後。

《孫子兵法》不但成書時間早，而且在軍事理論十分成熟、完備，幾乎涉及了軍事科學的各個門類，以從戰略理論的高度論述戰爭問題而著稱，是一部涵蓋戰爭發展規律的傑作。書中充滿著對睿智聰穎的讚揚，飽含了對昏聵愚昧的鞭撻，顯露出對窮兵黷武的警告，貫穿著對軍事哲理的探索，充分展現了「一代兵聖」孫武的遠見卓識和創造天賦。

該書中許多名言、警句揭示了戰爭的藝術規律，有著極其豐富的思想內涵。歷史上許多軍事家、著名統帥、政治家和思想家都曾得益於這部曠世奇書。兵學家們學習《孫子兵法》，得以步入軍事學的寶庫；軍事家們學習它，得以領悟制勝之術，政治家們學習它，得以點燃起智慧的聖光。直到今天，《孫子兵法》的許多精髓依然閃耀著眞理的光芒。

《孫子兵法》作爲中國古代兵書的集大成之作，是對中國古代軍事智慧的高度總結，具有承先啓後的重大意義。此後兩千多年裡，凡兵學家研究軍事問題，軍事家指揮軍隊作戰，莫不以《孫子兵法》爲圭臬。

自《孫子兵法》誕生以後，兵學立刻成了一門「顯學」，與儒、道、法、墨諸家並駕齊驅。戰國時期，群雄割據，戰爭頻繁，談兵論戰的人很多，大都是從《孫子兵法》中尋找依據。

《韓非子．五蠹》說：「境內皆言兵，藏孫、吳之書者家有之。」

《呂氏春秋．上德》中也說：「闔閭之教，孫、吳之兵，不能當矣。」

「孫」即孫子，「吳」是吳起，兩人都是傑出的軍事理論家和將領，後來齊國的著名軍事家孫臏更是繼承和發展《孫子兵法》的典範。孫臏是孫子的四世孫，不但在實際指揮作戰中功勳卓著，成爲一代名將，而且在軍事理論上也有突出的建樹，著有《孫臏兵法》。

《孫臏兵法》和《孫子兵法》在體系和風格上一脈相承，互相輝映。由此可見，《孫子兵法》成書不久就已經廣爲人知。而且對《孫子兵法》的運用，已經超出軍事範圍，應用於政治、經濟等方面了。

中國歷代軍事著作中引用《孫子兵法》文句的兵書不可勝數，如戰國時期的《吳子》、《尉繚子》，漢代的《淮南子》、《潛夫論》，唐代的《李衛公問對》，宋代的《虎鈐經》，元代的《百戰奇法》，明代的《登壇必究》、《紀效新書》，清代的《曾胡治兵語錄》……等等。

軍事家直接援用《孫子兵法》指導戰爭的，更是不勝枚舉。

秦朝末年，項梁曾以《孫子兵法》教過項羽，陳餘則引用「十則圍之，倍則戰之」的戰術。

漢代名將韓信自稱本身兵法出於孫子，並且運用「陷之死地而後生，置之亡地而後存」的理論指揮作戰。黥布曾認爲「諸侯戰其地爲散地」，語出《孫子兵法》。漢武帝也曾打算以《孫子兵法》教霍去病。東漢名將馮異、班超等人對孫子兵書也很精通。

三國時期，蜀相諸葛亮認爲：「戰非孫武之謀，無以出其計遠」。意思是說，孫子十三篇所講的謀略都是高瞻遠矚，從戰爭全局出發的。

魏武帝曹操也是一位雄才大略的軍事家，對歷代兵書深有研究。他對《孫子兵法》備極推崇，曾經讚譽道：「吾觀兵書戰策多矣，孫武所著深矣……審計重舉，明畫深圖，不可相誣！」

意思是說，他讀過許多軍事著作，其中《孫子兵法》最爲精深奧妙，書中詳審的計謀、愼戰的思想、明智的策略、深遠的考慮，都是不容誤解的。曹操不但在實踐中運用《孫子兵法》克敵制勝，而且十分重視對這部「曠世兵典」的整理研究，成爲中國歷史上第一個注釋《孫子兵法》的軍事家。

唐太宗深通兵法，跟名將李靖的軍略問對中，處處提到孫子，對「凡戰者，以正合，以奇勝」這個戰略思想尤其欣賞，並且推崇孫子「不戰而屈人之兵」的思想，是「至精至微，聰明睿智，神武不殺」的最高軍事原則。

宋代仁宗、神宗年間，因抵禦邊患的需要，朝廷設立了「武學」（軍校）以培養將才，編訂了以《孫子兵法》爲首的七部兵書（即《武經七書》）作爲必讀教材。從此，《孫子兵法》正式成爲官方軍事理論的經典，沿至明清而不衰。

宋代學者鄭厚曾認爲：「孫子十三篇，不惟武人之根本，文士亦當盡心焉。其詞約而縟，易而深，暢而可用，《論語》、《易》、《大》（《大學》）、《傳》

（《左傳》）之流，孟、荀、揚諸書皆不及也」，把《孫子兵法》推到高於儒家經典的地位。

明朝抗倭名將戚繼光對《孫子兵法》闡述的軍事思想也十分欽服，曾說道：「予承乏浙東，乃知孫武之法，綱領精微，爲莫加焉……猶禪家所謂上乘之教也。」

著名學者李贄對《孫子兵法》和孫武其人更是佩服得五體投地，認爲「孫子所以爲至聖至神，天下萬世無以復加者也」。

到了近代，《孫子兵法》的聲譽更隆、影響更大。孫文曾說：「就中國歷史來考究，二千多年的兵書，有十三篇（即《孫子兵法》），那十三篇兵書，便成立了中國的軍事哲學。」將這部兵書看作中國軍事理論的奠基之作。

現代許多軍事家不但在軍事著作中多次提到《孫子兵法》，而且巧妙運用於戰爭之中。可以這麼說，《孫子兵法》中的戰爭思想和運用，構成了現代軍事的重要來源。

活用兵法智慧，創造更多贏的機會

《孫子兵法》深獲各界人士推崇，在現代經濟生活中同樣大有用武之地，只要不斷深入研究和靈活運用，必將給我們帶來無窮之益。

《孫子兵法》最早傳入日本，其次傳入朝鮮，至於傳佈到西方，則是十八世紀以後的事。

西元八世紀《孫子兵法》傳入日本，不但構成了日本軍事思想的主體結構，而且對日本的歷史和精神產生了深遠影響。日本各界一向推崇《孫子兵法》，極其重視對這部不朽之作的研究，探討領域之廣，流派之多，著述之精，遠非其他國家所可比擬。

在日本，孫子被尊為「兵家之祖」、「兵聖」、「東方兵學的鼻祖」、「偉大的戰略哲學家」，甚至跟孔子相提並論，認為：「孔夫子者，儒聖也；孫夫子者，兵聖也……後世儒者不能外於孔夫子而他求，兵家不得背於孫夫子而別進矣。是以文武並立，而天地之道始全焉。可謂二聖之功，極大極盛矣！」

《孫子兵法》也被推崇為「兵學聖典」、「韜略之神髓，武經之冠冕」、「萬古不易之名著」、「科學的戰爭理論書」……等等，認為該書閎廓深遠、詭譎奧深、窮幽極渺，「舉凡國家經綸之要旨，勝敗之秘機，人事之成敗，盡在其中矣」，是「兵之要樞」，「居世界兵書之王位」。

《孫子兵法》在日本軍事界影響的全盛期是十六世紀，即日本歷史上的戰國時期。當時日本湧現出一批著名的軍事將領，如織田信長、豐臣秀吉、德川家康和武田信玄等。他們的共同特點是精通軍事經典，對《孫子兵法》的運用得心應手。武田信玄更號稱日本的「孫子」，酷愛《孫子兵法》中的名句「其疾如風，其徐如林，侵掠如火，不動如山」，把「風林火山」四字寫在軍旗上鼓舞士氣，號令三軍。

明治維新以後，日本軍界依然把《孫子》奉為圭臬，認為古代大師的學說仍可指導現代戰爭。如在二十世紀初的日俄戰爭中，日本聯合艦隊司令東鄉平八郎元帥和陸軍大將乃木希典都深諳《孫子兵法》。對馬海戰中，日軍全殲俄國遠征艦隊，其陣法正出自《孫子》，東鄉平八郎在論及獲勝原因時歸結爲運用了「以逸待勞，以飽待饑」的原則。

日軍偷襲珍珠港更是《孫子兵法》中「出其不意，攻其不備」的巧妙運用，是現代戰爭史上戰略突襲的典型。只不過，日軍既不「愼戰」又未「先知」，對美國的潛力估計不足，犯了根本性的錯誤，導致在太平洋戰爭中失敗。

日本的情報工作在世界上首屈一指，不僅在戰爭中發揮了巨大的效用，而且在各行各業中也產生了很大的影響。日本人的這種特點，追根溯源，與中國的《孫子兵法》有密切的關係。

著名的英國作家理查·迪肯在其所著《日諜秘史》一書中明確指出：「日本人搜集情報的靈感是受中國戰略家孫子的影響。」

除日本以外，《孫子兵法》在西方世界的流傳也很廣泛，並且極受推崇。

據說，拿破崙在戎馬倥傯的戰陣中，仍手不釋卷地翻閱《孫子兵法》。德國偉大的軍事學家、《戰爭論》的作者克勞塞維茨也受到這部中國古代兵典的影響。德國皇帝威廉二世在第一次世界大戰失敗後，讀到《孫子兵法·火攻篇》中關於「主不可因怒而興師，將不可以慍而致戰」的論述時，不禁歎息：「可惜二十多年前沒有看到這本書。」

第二次世界大戰以後，儘管導彈、核武等尖端武器進入軍事領域，生產力和科技的發展日新月異，戰爭條件也不斷變化更新，但國際上對《孫子兵法》的研究和應用熱潮絲毫未減，並且有了嶄新的進展。

前蘇聯的一位著名軍事理論家曾斷言：「認眞研究中國古代軍事理論家孫子的著作，無疑大有益處。」

英國名將蒙哥馬利元帥在訪華時曾對毛澤東說：「世界上所有的軍事學院都應把《孫子兵法》列爲必修課程。」

美軍新版《作戰綱要》更開宗明義地引用孫子「攻其無備，出其不意」這句名言作爲作戰的指導思想。

重視孫子的戰略思想，是二戰後西方政治家、軍事家和戰略家們研究和應用《孫子兵法》的新特點。在這個時期，軍事戰略和政治、經濟、外交以及社會等因素的結合日益緊密。尤其是在大規模殺傷性核武器出現後，即便是超級大國也不敢貿然發動大規模戰爭，所以必須建立全新的戰略體系。而《孫子兵法》的精華正好包含了豐富的戰略思想，爲這個時代提供了許多有益的啓示。

英國著名戰略家利德爾．哈特在《戰略論》中大量援引了孫子的語錄。他認爲：「最完美的戰略，就是那種不必經過激烈戰鬥而能達到目的的戰略，所謂不戰而屈人之兵，善之善者也」，「在導致人類自相殘殺、滅絕人性的核武器研製成功以後，更需要重新且完整地研讀《孫子》這本書」。

美國國防大學戰略研究所所長約翰．柯林斯稱讚孫子是古代第一個形成戰略思想的偉大人物。他在《大戰略》一書中指出：「對戰略的相互關係、應考慮的問題和所受的限制，至今仍沒人比他有更深刻的認識，他的大部分觀點在我們的當前環境中仍然具有重大的意義。」

美國著名的「智庫」史丹福研究所的戰略專家福斯特和日本京都產業大學三好

修教授根據《孫子兵法．謀攻篇》中的思想，提出了改善美蘇均勢的新戰略，並稱之為「孫子的核戰略」，對世界戰略的調整產生了很大的影響。

此外，不少西方政治家也都在各自的著作中運用孫子的理論，闡述對當今時代國際戰略的見解。

在現代戰爭和軍事行動中，《孫子兵法》同樣被廣泛運用。如在越南戰爭中，美軍司令威斯特摩蘭曾引用孫子「夫兵久而對國有利者，未之有也」的名言，力主結束這場曠日持久、陷美軍於泥潭的戰爭。

又如第三次印巴戰爭中，印度軍隊遵循孫子「軍有所不擊，城有所不攻，地有所不爭」的理論，繞過堅城，迂迴包抄，直指達卡，迅速擊潰巴基斯坦軍隊，取得了這場戰爭的勝利。《印度軍史》則援用《孫子兵法》的觀點總結南亞次大陸的戰爭經驗，這是絕無僅有的。

進入二十一世紀，世界各地的「孫子熱」日趨高漲。《孫子兵法》不但受到軍界和戰略家們的重視，而且深獲其他各界人士推崇。對《孫子兵法》的研究和運用，已經擴展到政治、外交、經濟、體育等領域，其中以在商戰和企業管理中的應用最引人注目。

日本的企業家們率先把《孫子兵法》運用於企業競爭和經營管理，取得了很大的成效，形成了「兵法經營管理學派」。

《孫子兵法》中的「五事」，也常常被概括爲企業經營的五大要素：「道」是經營目標，「天」是機會，「地」是市場，「將」是人才，「法」是企業規章和組織編制。「五事」並重、統籌管理、靈活經營，必然使得企業成爲激烈競爭中的常勝軍。

由此可見，《孫子兵法》在現代經濟生活中同樣大有用武之地，只要不斷深入研究和靈活運用，必將給我們帶來無窮之益。

【軍形篇】

01. 攻守作戰法則

02. 修道保法

03. 優兵制勝

【兵勢篇】

01. 分數、形名、奇正、虛實

02. 奇正相生

03. 出其不意，攻其不備

04. 聲東擊西，以實擊虛

05. 「擇人」與「狂想」

【虛實篇】

01. 善戰者，致人而不致於人

02. 形人而我無形

03. 勝可為也

【軍爭篇】

01. 兵無常勢，水無常形

02. 以迂為直，後發先至

【軍形篇】

【原文】

孫子曰：昔之善戰者，先為不可勝，以待敵之可勝。不可勝在己，可勝在敵。故善戰者，能為不可勝，不能使敵之可勝。故曰：勝可知而不可為。

不可勝者，守也；可勝者，攻也。守則不足，攻則有餘，善守者，藏於九地之下；善攻者，動於九天之上。故能自保而全勝也。

見勝不過眾人之所知，非善之善者也；戰勝而天下曰善，非善之善者也。故舉秋毫不為多力，見日月不為明目，聞雷霆不為聰耳。古之所謂善戰者，勝於易勝者也。故善戰者之勝也，無智名，無勇功。故其戰勝不忒。不忒者，其所措必勝，勝已敗者也。故善戰者，立於不敗之地，而不失敵之敗也。是故勝兵先勝而後求戰，敗兵先戰而後求勝。善用兵者，修道而保法，故能為勝敗之政。

兵法：一曰度，二曰量，三曰數，四曰稱，五曰勝。地生度，度生量，量生數，數生稱，稱生勝。故勝兵若以鎰稱銖，敗兵若以銖稱鎰。勝者之戰民也，若決積水於千仞之溪者，形也。

【注釋】

先為不可勝：爲，造成、創造。不可勝，使敵人不可能戰勝自己。此句意爲先創造條件，使敵人不能戰勝自己。

以待敵之可勝：待，等待、尋找、捕捉的意思。敵之可勝，指敵人可以被我戰勝的時機。

不可勝在己，可勝在敵：指創造不被敵人戰勝的條件，在於自己主觀的努力，而敵方是否能被戰勝，取決於敵方自己的失誤，而非我方主觀所能決定。

能為不可勝，不能使敵之可勝：能夠創造自己不爲敵所勝的條件，而不能強令敵人一定具有可能被我戰勝的時機。

勝可知而不可為：知，預知、預見。爲，強求。本句意思爲勝利可以預測，卻不能強求。

不可勝者，守也；可勝者，攻也：意爲使敵人不能勝我，在於我方防守得宜；而戰勝敵人，則取決於我方進攻得當。

守則不足，攻則有餘：採取防守的辦法，是因爲自己的力量處於劣勢；採取進攻的辦法，是因爲自己的力量處於優勢。

九地、九天：九，虛數，泛指多，古人常把「九」用來表示數的極點。九地，形容地深不可知；九天，形容天高不可測。此句言善於防守的人，能夠隱蔽軍隊的活動，如藏物於極深之地下，令敵方莫測虛實；善於進攻的人，進攻時能做到行動神速、突然，如同從九霄飛降，出其不意，迅猛異常。

自保而全勝：保全自己而戰勝敵人。

見勝不過眾人之所知：見，預見。不過，不超過。衆人，普通人。知，認識。

舉秋毫不為多力：秋毫，獸類在秋天新長的毫毛，比喻極輕微的東西。多力，力量大。

聞雷霆不為聰耳：能聽到雷霆之聲算不上耳朵靈敏。聰，聽覺靈敏。

勝於易勝者也：戰勝容易打敗的敵人，指已暴露弱點之敵。

不忒：忒，失誤、差錯。不忒即沒有差錯。

其所措必勝：措，籌措、措施，此處指採取作戰措施。

勝已敗者也：戰勝業已處於失敗地位的敵人。

勝兵先勝而後求戰：勝兵，勝利的軍隊。先勝，先創造不可被敵戰勝的條件。句意爲能取勝的軍隊，總是先創造取勝的條件，然後才同敵人決戰。

敗兵先戰而後求勝：指失敗的軍隊總是開戰，然後企求僥倖取勝。

修道而保法：道，政治、政治條件。法，法度、法制。意爲修明政治，確保各項法制的貫徹落實。

故能為勝敗之政：政，主宰的意思。爲勝敗之政，即成爲勝敗上的主宰。

度：指土地幅員的大小。

量：容量、數量，指物質資源的數量。

數：數量、數目，指兵員的多寡。

稱：衡量輕重，指敵對雙方實力狀況的衡量對比。

地生度：生，產生，指雙方所處地域的不同，產生土地幅員大小不同之「度」。

度生量：指因度的大小不同，產生物質資源多少的「量」的差異。

量生數：指物質資源多少的不同，產生兵員多寡的「數」的差異。

數生稱：指兵力多寡的不同，產生軍事實力的對比強弱的不同。

稱生勝：指雙方軍事實力對比的不同，產生、決定了戰爭勝負的不同。

以鎰稱銖：鎰、銖，都是古代的重量單位。一鎰等於二十四兩，一兩等於二十四銖；銖輕鎰重，相差懸殊。此處比喻力量相差懸殊，勝兵對敗兵擁有實力上的絕對優勢。

勝者之戰民也：戰民，指統軍指揮士卒作戰。民，借指士卒、軍隊。

若決積水於千仞之溪者：仞，古代的長度單位，七尺（也有說八尺）爲一仞。千仞，比喻極高。溪，山澗。

形：指軍事實力。

【譯文】

孫子說：從前善於用兵打仗的人，先要做到不被敵方戰勝，然後捕捉時機戰勝敵人。不被敵人戰勝的主動權操在自己手中，能否戰勝敵人則取決於敵人是否有隙可乘。所以，善於打仗的人，能創造不被敵人戰勝的條件，但卻不可能做到使敵人一定被我方戰勝。所以說：勝利可以預知，但是不可強求。

想要不被敵人戰勝，在於防守嚴密；想要戰勝敵人，在於進攻得當。採取防禦，是由於兵力不足；採取進攻，是因爲兵力有餘。善於防守的人，隱蔽自己的兵力如同深藏於地下，讓敵人莫測虛實：善於進攻的人，展開自己的兵力就像自九霄而降，令敵人猝不及防，所以，既能夠保全自己，而又能奪取勝利。

預見勝利不超越一般人的見識，這算不上最高明的。通過激戰而取勝，即使是普天下人都稱讚，也不算是最高明的，這就像能舉起秋毫稱不上力大，能看見日月算不得眼明，能聽到雷霆算不上耳聰一樣。

古時候所說的善於打仗的人，總是戰勝那些容易戰勝的敵人，因此善於打仗的人打了勝仗，既不顯露出智慧的名聲，也不表現爲勇武的戰功。他們取得勝利，是不會有差錯的。之所以不會有差錯，是由於他們的作戰措施建立在必勝基礎上，能戰勝那些已經處於失敗地位的敵人。

善於打仗的人，總是先確保自己立於不敗之地，同時不放過任何擊敗敵人的機會。所以，勝利的軍隊總是先創造獲勝的條件，而後才尋求與敵人決戰；而失敗的軍隊，卻總是先和敵人交戰，而後企求僥倖取勝。善於指導戰爭的人，必須修明政治，確保法制，進而掌握戰爭勝負的決定權。

兵法的基本原則有五條：一是「度」，二是「量」，三是「數」，四是「稱」，五是「勝」。敵我所處地域的不同，產生雙方土地幅員大小不同的「度」；敵我地幅大小的「度」不同，產生了雙方物質資源豐瘠不同的「量」；敵我物質資源豐瘠的「量」不同，產生了雙方軍事實力強弱不同的「稱」；敵我軍事實力強弱的「稱」不同，最終決定了戰爭的勝負成敗。

勝利的軍隊較之於失敗的軍隊，有如以「鎰」比「銖」那樣，佔有絕對的優勢。而失敗的軍隊較之勝利的軍隊，就好像用「銖」比「鎰」那樣，處於絕對的劣勢。勝利者指揮軍隊與敵人作戰，就像在萬丈懸崖決開山澗的積水，所向披靡，這就是「形」——軍事實力。

【第1章】

攻守作戰法則

「不可勝者，守也，可勝者，攻也」的作戰原則，強調不打則已，打則必勝，不打無把握之仗。孫子認為，戰爭的勝負可以從敵我雙方有形的客觀條件對比中預料到，但不能超越客觀條件企求勝利。

鐵鉉死守濟南

朱棣對鐵鉉恨之入骨，發誓要攻下濟南活捉他，但城內糧草充足，上下齊心，一連攻打了三個月，也沒有把濟南城攻克，悻悻退回北京。

不論攻守都需做好準備，不可勝時守，可勝時攻，這是《孫子兵法》強調的用兵之道。

朱元璋死後，他的孫子朱允炆繼承帝位，史稱建文帝。西元一三九九年，燕王朱棣起兵自北京南下，先後大敗征虜將軍耿炳文、大將軍李景隆，佔領了德州（今山東德州），氣焰十分高張。

這時候，山東參政鐵鉉負責督運糧草，聞說德州已失，立刻把糧草運回濟南。

鐵鉉與參軍高巍商議道：「朱棣南下，目標是奪取都城金陵（南京）。濟南是朱棣的必經之地，守住濟南，就保衛了金陵。」

高巍支持鐵鉉守護濟南，二人又得到濟南守將盛庸、宋參軍的支持，四人同心，一面整頓兵馬，一面加固城牆，做好了守城準備。

幾天後，朱棣統率大軍進至濟南城下。由於鐵鉉等人已做好準備，朱棣連續幾次進攻都被擊退。

朱棣心生一計，下令決水灌城，大水湧入濟南城中，百姓惶惶不安。鐵鉉面對大水也心生一計，決定把朱棣誘入城中殺掉。他召集城中父老數百人，讓他們帶上自己的「降書」出城見朱棣。朱棣不知是計，答應了城中父老的請求，並讓他們告訴鐵鉉明日進城受降。

鐵鉉聞報後，在城門上方懸起一塊重達千斤的鐵板，命令士兵大開城門，專候朱棣到來。

第二天，到了約定的時間，朱棣見城門大開，門內外聚著大批百姓和徒手的守城將士，就放下心，大膽地騎馬走過吊橋，向城門走去。

剛到城門前，大鐵板忽地墜落下來，將朱棣的坐騎砸倒，朱棣則被戰馬掀翻在地。朱棣的衛士急忙把他扶起，換了一匹戰馬，躲過城上飛下的亂箭，一口氣跑過吊橋，返回大營。

朱棣對鐵鉉恨之入骨，發誓要攻下濟南活捉他，但鐵鉉有盛庸、高巍和宋參軍等人全力支持，城內糧草充足，上下齊心，朱棣一連攻打了三個月，也沒有把濟南城攻克。

這時，建文帝已派大軍收復了德州，轉而向朱棣包抄過來。朱棣擔心受到夾擊，只好解了濟南之圍，悻悻退回北京。

濟南之戰後，建文帝升任鐵鉉為兵部尚書，任命盛庸為歷城侯，高巍和宋參軍等人也各有封賞。

鄭成功死守海澄

鄭軍前有強敵，背臨大海，鄭成功決心破釜沉舟，與清軍決一死戰。海澄之役，鄭成功審時度勢，奮勇作戰，終於擊敗八旗精騎，在「死地」獲勝。

清順治三年（一六四六年），清軍入關後，鄭成功逃往廣東南澳，利用清軍沿海兵力薄弱的形勢，繼續募兵抗清，進而形成以廈門為核心的抗清根據地。

順治九年（一六五二年），鄭成功在江東橋（福建漳州市東）伏殲了清軍駐閩主力，而後合圍漳洲。清廷經過江東橋之戰，重新估計鄭成功的力量，派萬餘八旗精騎入閩，增援漳州。清軍記取前次失敗教訓，改變進攻策略，主力從大路進攻，另分一部由右翼小路經長泰迂迴包圍鄭軍。

鄭成功得知這一消息，立即下令撤出漳州，十月初，清軍向守在漳州東南的鄭軍發動進攻。鄭軍初次與戰鬥力較強的八旗軍作戰，經不住騎兵兇猛衝擊，損兵折將，被迫退守海澄。

海澄是廈門的門戶，得之可為反攻大陸的灘頭據點，失之則會使廈門暴露在清軍威脅之下，後果不堪設想。

鄭軍前有強敵，背臨大海，處於兵家所說的「死地」。鄭成功決心破釜沉舟，與清軍決一死戰。鄭軍一貫以攻為守，習於野戰，鄭成功認識到與八旗軍騎兵進行野戰對己不利，於是改變戰法，以防禦為主，伺機出擊殲敵。

順治十年（一六五三年）五月，清軍經過一段時間休整、準備之後，開始對海澄發動進攻。鄭成功手執隆武帝賦予的「招討大將軍印」，當眾宣誓「寧為玉碎，不為瓦全」，鼓勵將士奮力死戰，恢復明朝江山。他還宣佈：「有冒死立功者，願將此印轉贈。」

清軍得知鄭軍由野戰改為據城固守，也暫時按兵不動，以火力連日轟擊海澄。一時間，海澄城飛沙走石，木柵全部被毀，傷亡頗多。在這緊要關頭，鄭成功親臨前線，一面激勵將士，一面命令戰士挖掘掩體，減少傷亡。

這時，鄭軍派出的探子回報說，清軍的彈藥即將用完，近期無法補充。鄭成功判斷清軍必將在近日尋求決戰，下令：「神器營在半夜秘密將城內所有火藥埋在城外外壕，把引信通過地道引至城內。」同時，召集衆將佈置方略：先把清軍引入外壕，然後引爆炸藥，再全線出擊。

不出鄭成功所料，在猛烈炮火攻擊後，清軍於拂曉前匆忙對海澄發起攻擊。鄭軍的前沿部隊與清軍短兵相接，戰至天亮，鄭軍故意敗退，把清軍主力引向外壕。清軍不知是計，步步進逼。

鄭成功見清軍主力大部分進入外壕，而鄭軍退盡之後，下令點發火藥。霎時間，爆炸聲震天動地，清軍毫無防備，被炸得血肉橫飛，死傷慘重。

爆炸剛停，鄭軍全線出擊，將越過外壕的清軍全部消滅。鄭軍士氣大振，乘勢追擊，清軍一敗塗地，只有部分殘兵逃回。

海澄之役，鄭成功審時度勢，奮勇作戰，終於擊敗八旗精騎，在「死地」獲勝。

柴契爾夫人先聲奪人

柴契爾夫人運用先聲奪人策略，抬高了自己的聲名，吸引了眾人的注意力，無形中減弱了希思望高權重所產生的影響，進而在競選中戰勝他。

一九七五年二月，英國保守黨舉行年會，按慣例選舉黨魁。

當時，保守黨的領袖希思資歷深厚，一向受到保守黨元老們的賞識和器重，在黨內和政府裡身居要位。二十多年從政的豐富閱歷，將近四年的首相經歷，使他具有舉足輕重的影響。

希思認爲，在當時的保守黨內，除了老練的後起之秀基·約瑟夫以外，無人能與他競逐。由於約瑟夫因故退出競選，他覺得自己的地位更加不可動搖。但是，出乎意料的是，柴契爾夫人居然向他挑戰。

柴契爾夫人知道希思有很牢固的政治基礎，是全黨公認的最高權威，向他挑戰必須採取先聲奪人的方式，才會產生奇異效果。經過反覆思量，她決定親自出場直接和希思一較高低。

有一天，一位婦女逕自走進了希思的辦公室，彬彬有禮地對他說：「閣下，我來向你挑戰！」

這位婦女正是柴契爾夫人。

保守黨的一些檯面人物對柴契爾夫人的這種行動方式感到十分驚奇。因爲這種事通常是在暗地裡運作的，她竟然採取如此坦率的行動。

柴契爾夫人在十六年的議會問政中表現出來的才幹，原已博得保守黨後座議員的好感，此次向希思挑戰的勇氣和魄力，連前座議員也交口稱讚。一些平時不滿希思的保守黨人，一下子就倒向柴契爾夫人，頓時使她聲名大振。

結果，在保守黨的選舉中，柴契爾夫人以一三〇票對一一九票擊敗希思，使希思不得不辭去保守黨黨魁的職務。

柴契爾夫人當選，成為英國歷史上第一位女黨魁。

《軍志》曰：「先人有奪人之心」，這句話後來演變為「先聲奪人」，意思是率先大張自己的聲威，擴大影響力，威懾、壓倒對方，或是在輿論上搶先一步，爭取主動出擊。

柴契爾夫人正是運用先聲奪人策略，抬高自己的聲名，吸引眾人的注意力，無形中減弱了希思望高權重所產生的影響，進而在競選中戰勝他。

英迪拉坐收漁人之利

英迪拉成功之處在於她處於弱勢地位時善於守拙，隔岸觀火。最後終於以弱勝強，登上了最高權力的寶座。

一九六六年一月，印度總理夏斯特里突然逝世。消息剛一傳出，印度政壇各派系摩拳擦掌，試圖角逐新總理的職位。

當時，爭奪總理位置的主要人物爲在國大黨內最有資歷的德賽，以及代總理南達。在各派之中，前總理尼赫魯的女兒英迪拉雖然有獨特的優勢，但就政治實力而言，還算不上強大。

然而，面對這千載難逢的機會，英迪拉不願袖手旁觀。

當夏斯特里的死訊於凌晨三點傳到首都時，英迪拉立即召集幕僚們商量對策。英迪拉表示了自己要參加這一角逐的決心，並且相信只要運籌得當，必定可以當選。然而強手如林，自己實力又有差距，怎麼才能實現自己的夙願呢？

冷靜地分析形勢之後，她決定不過早投入角逐，等到政敵們兩敗俱傷，各方力量削弱時再趁機出擊。

英迪拉表面上無意問津，跟誰都不爭奪，暗地裡卻密切觀察形勢的變化，並且積極尋求支持。

形勢的發展果如英迪拉所料。德賽雖是黨內元老，資歷很深，在議會中有相當多人支持他。然而他卻不善於記取教訓，在夏斯特里死後，便以唯一的候選人自居，並且認爲總理之位非他莫屬。他驕橫固執，不願意跟別人分享權力，對反對派懷恨在心，絲毫沒有寬恕之意。

德賽的表現大傷人心，尤其傷害了黨內辛迪加派的利益。

辛迪加派在國大黨及政府中勢力十分強大，並且擅長於幕後操縱。德賽驕橫冷峻的表現使得他們十分擔憂，決心要阻止德賽上台。然而，他們卻推不出能與德賽抗衡的候選人。

至於南達，在尼赫魯和夏斯特里的內閣中都是第二號人物，想由代總理直接升爲正式總理。辛迪加派對他做了衡量，覺得他還不能擊敗德賽。

英迪拉盼望的時機終於來到了。各派之爭到了白熱化程度，而且裂痕很深，很難彌合，這對英迪拉非常有利。由於她一開始就採取了靜觀其變的策略，各派對她比較放心，幾乎沒有受到攻擊，在公衆心中仍保持著良好的形象。

看準時機，英迪拉決心出擊。

辛迪加派在她積極爭取之下，決定支持她參加競選。她是尼赫魯的女兒，有全國知名度，任何地區或黨內任何派系都對她沒有特殊惡感。那些擔心德賽當政的人，也都認爲聯合起來擁戴英迪拉最好。

英迪拉得到的支持日益增多，勢力日益強大。她憑藉自己的政治手腕，把大多數黨員都團結在自己周圍。國大黨執政的十個邦的首席部長，經過辛迪加派的疏通，也都公開支持提名英迪拉。南達知道自己敗局已定，退出了競選，德賽則決心要與英迪拉拼個高下。

德賽開始在競爭中對英迪拉進行謾罵和攻擊，試圖激起英迪拉應戰，抓住她的破綻予以進攻。然而，英迪拉的態度仍如初始那樣謙遜有禮，溫和穩健的風度讓公眾更加滿意。

大選終於進行了，果如所料，英迪拉獲得壓倒性的勝利。成千上萬的印度人聚集在議會大廈外面，慶賀她全面大勝。

英迪拉成功之處在於她處於弱勢地位時善於守拙，隔岸觀火。同時，善於在各種政治力量之間周旋，利用彼此的矛盾，尋求對自己的支持，最後終於以弱勝強，登上了最高權力的寶座。

柯拉蓉擊敗馬可仕

兩個陣營相對，在戰略上要藐視敵人，在戰術上要重視敵人。前者是自信，後者是要有智有謀，凡事都應有行之有效的對策。

一九八六年，菲律賓舉行全國大選，反對派領袖艾奎諾的遺孀柯拉蓉強力挑戰當時的總統馬可仕，雙方千方百計爲爭取勝利而激戰。

馬可仕當了二十年總統，根本沒把柯拉蓉這個女性候選人放在眼裡，一開始竟然說：「女人最合適的場所是在臥房。」擺出一副不屑與柯拉蓉對陣的樣子。

然而，一經交手，馬可仕很快便發現自己處於下風，這才慌了手腳。他不顧一切，開動政權的各種機器，對選民進行賄賂、威嚇，還親自出馬，帶著妻兒奔波於菲律賓中部和南部一些城市進行競選，弄得疲憊不堪。民眾從電視螢幕上看到的馬可仕，是一個滿面浮腫、步履維艱，說話斷斷續續、有氣無力的病老頭子，和歷次競選中叱吒風雲的模樣判若兩人。

這是馬可仕有生以來最艱苦的一次戰鬥，雖然動用各種舞弊手段，但大勢已去，最後只得狼狽逃亡夏威夷，結束了對菲律賓的長期統治。

相較之下，柯拉蓉·艾奎諾則充分利用馬可仕的麻痺大意。誠然，她從政時間不長，缺乏治理國家的經驗，但相對的，政治上清白，沒有劣跡。

馬可仕譏諷她缺乏經驗之時，她隨即反駁說：「我承認自己的確沒有馬可仕那種欺騙、說謊、盜竊或暗殺政敵的經驗。我不是獨裁者，我不會撒謊，不會舞弊。我雖然沒有經驗，但我有的是參政的誠意，選民需要的就是一個和馬可仕完全不同的領袖。」

民眾認為她沒有一般政客的圓滑虛偽和圖謀私利，相信她是真心為了恢復國家的民主、繁榮人民的生活而戰鬥，因而紛紛選擇她，拋棄馬可仕。正是這樣，柯拉蓉的一些缺點也變成了優點。

與馬可仕藐視敵手的態度形成鮮明對照，柯拉蓉在競選中給人純淨、謙遜、質樸、溫婉的印象。競選活動展開後，柯拉蓉所到之處，受到民衆熱烈歡迎。她的演講激動人心，每一場競選講演中，都會播放亡夫的講話，勾起群衆對艾奎諾的懷念，也增加了人們對她的同情和支持。

她針對馬可仕的專制獨裁統治，制定出競選政綱，杜絕可能造成個人專制獨裁的一切可能，打破馬可仕及其家族對經濟的壟斷，爭取停止內戰……等等。這些內容十分符合廣大選民的期望，使得民衆更加傾向於她。最後，柯拉蓉取得了勝利，成爲菲律賓第一位女總統。

兩個陣營相對，在戰略上要藐視敵人，在戰術上要重視敵人。前者是自信，後者是要有智有謀，凡事都應有行之有效的對策。馬可仕輕忽對手，交手後發覺大事不妙，才匆匆上陣，陷入慌亂；柯拉蓉則先聲奪人，步步爲營，順時應勢，毫無懈怠地贏得了勝利。雖然，馬可仕的下台是人心所向，大勢所趨，但謀略在其中的作用也不容忽視。

馬其諾防線不攻自破

水無常形，兵無定式，戰爭中有進攻，也有防禦。法國的錯誤決策，使法國遭致亡國命運，馬其諾防線也成為世界戰爭史上的笑料。

第一次世界大戰後不久，德國重新崛起，法國又面臨著德國侵略的威脅。鑑於一次大戰期間馬恩河和索姆河防線的經驗，法國軍界的貝當和甘末林認爲：防禦可以贏得時間，以改變法國經濟和軍事上的劣勢。在這種思想指導下，法國開始修築馬其諾防線。

這是一個龐大而複雜的防禦系統，設計之周密，工程之浩大，配備之齊全，不能不令人驚歎。它南起於瑞士北部邊境，沿萊茵河左岸朝正北方向延伸，在法德兩國萊茵河天然邊界的北部盡頭折向西北，一直延伸到法比交界的阿登山區。一九三〇年防線開工以後，數以萬計的技術工人和軍事工程師晝夜奮戰，到一九三七年竣工時，先後挖土一二〇〇萬立方米，耗資二千億法郎，相當於法國一九一九年到一九三九年全部國防經費的二分之一。

第二次世界大戰爆發後，德國以強大的坦克、飛機組成的高度機動化部隊，迅速擊潰和佔領了波蘭、丹麥和挪威。一九四〇年四、五月間，比利時和法國面臨德國的重兵壓境，亞歐危如累卵。然而，此時的法國統帥部認爲，德軍攻擊重點將是馬其諾防線，因此將兵力著重部署在防線和色當以西到海峽的法比邊境上。

馬其諾防線的中央部分是森林密佈、道路難行的山區，法國視此爲「天險」。法國統帥部認爲，有了馬其諾防線，再加上阿登山區天險，法國的邊防可謂固若金湯，無須擔憂。因此，大戰爆發後，幾十萬法軍按兵不動，整天吃喝玩樂，一片昇平景象。

然而，希特勒並沒有按照法國統帥部的預想行事。一九四〇年五月十日凌晨，希特勒調集一三六個師，分A、B、C三個軍團，對荷蘭、比利時、盧森堡發動大規模進攻。

德軍A軍團四十五個師從左翼發動主攻，B軍團二十九個師越過荷蘭和比利時，作爲右翼插入法國，僅以C軍團十九個師部署在法、盧邊界到瑞士巴塞爾的一條三五〇公里長的防線上，虛張聲勢地對馬其諾防線做箝制性進攻，迷惑和牽制法軍。

德軍的坦克部隊在施圖卡式俯衝轟炸機的配合下，猛攻從亞琛到摩澤爾河一線寬一七〇公里的阿登山區。

三天後，德軍突破了阿登山區的天然防線，進逼馬斯河；一星期內佔領了色當要塞，向西一直推進到英吉利海峽。四十萬英法聯軍丟盔棄甲，潰不成軍，被壓縮到敦克爾克，前臨大海，後有追兵，狼狽不堪。

馬其諾防線被德軍迂迴繞過，沒有發揮一點作用，徒費了大量人力物力。

水無常形，兵無定式，戰爭中有進攻，也有防禦。但消極防守絕非良策，它限制了自己的自由，捆住了自己的手腳，反而使敵人有了迴旋之地。法國軍界的錯誤決策，使法國遭致亡國的悲慘命運，馬其諾防線也成爲世界戰爭史上的笑料。

史達林格勒戰役

經過二百天激戰，史達林格勒戰役敲響了德國的喪鐘。突擊使蘇聯軍隊受損，但積極防禦為蘇軍挽回了有利局面。

史達林格勒戰役是第二次世界大戰的轉捩點。

史達林格勒原名察里津，位於伏爾加河下游西岸，是蘇聯內河航線的重要港口，也是蘇聯南方的鐵路交通樞紐和重要工業城市。

希特勒在一九四二年四月簽發的第四十一號作戰指令明確規定：「無論如何，必須竭盡一切努力到達史達林格勒市區。至少使這座城市處於重炮射程之內，使它不能再成爲工業中心和交通樞紐。」

對於這樣一個戰略要地，蘇聯最高統帥部當然不會掉以輕心。史達林對他的將軍們說：「我們豈能坐等德軍發動攻擊！必須在廣闊的正面上實施一系列突擊和摸清敵人的準備情況。」

一九四二年五月十二日，蘇聯西南方面軍以四十五個師，從南、北兩個方面向哈爾科夫地區的德軍發起強大攻勢。

經過半個月血戰，蘇軍失利，二十四萬人被俘。

在這種情況下，蘇軍主動撤退，並建立了新的史達林格勒方面軍，由戈爾道夫中將出任司令。

八月二十三日，德軍成功地把史達林格勒的防禦分割為兩部分，並逼近伏爾加河。希特勒還命令空軍把史達林格勒炸成一片廢墟，情況十分危急。

但是，希特勒被勝利沖昏了頭腦，竟然企圖同時拿下史達林格勒和高加索兩個戰略要地。史達林在這個關鍵時刻果斷任命驍勇善戰的朱可夫為最高統帥部副統帥，直接指揮史達林格勒戰役。

朱可夫以積極防禦的戰術造成德軍大量傷亡，想方設法滯緩德軍的進攻，而自己則從各個地區徵調部隊增援史達林格勒。

激戰到十一月，德軍在伏爾加河、頓河和史達林格勒的交戰中損失了近七十萬人、一千輛坦克、二千門大炮和一千四百架飛機，蘇軍則集聚了一百萬軍隊，並配備了嶄新的T三四型坦克和一二五〇門「卡秋莎」火箭炮，形勢變得對蘇軍有利。

一九四二年十一月一九日晨，蘇軍向德軍發起全面反攻，並將德軍主力三十萬人壓縮在包圍圈中。德國援軍推進到離被圍德軍只有四十公里的地方，但德軍的坦克因缺少燃料，失去了死裡逃生的良機。

一九四三年二月二月，經過兩百天激戰，被圍德軍全部被殲或投降。

史達林格勒戰役敲響了德國的喪鐘。突擊使蘇聯軍隊受損，但積極防禦爲蘇軍挽回了有利局面，可謂扭轉戰局的關鍵。

海珊運用石油作武器

海珊運用石油作武器，可謂獨創，具有很大的破壞力和防禦力。但是，多國部隊沒有從海上進攻，陸地上的「火障」、「油溝」也被多國部隊克服。

一九九〇年八月二日，伊拉克入侵科威特後，引起了國際社會的強烈譴責。全世界大多數國家對伊拉克實行經濟制裁，以美國爲首的多國部隊實施「沙漠風暴」作戰計劃，想逼迫伊拉克從科威特撤兵，恢復科威特合法政府。但海珊卻實施各種拖延戰術，企圖逃過國際社會對伊拉克的制裁。

一九九一年一月十五日，波灣戰爭爆發後，多國部隊向伊拉克發動猛烈的轟炸和飛彈襲擊，爲地面進攻做準備。海珊意識他的拖延戰術已失去效用，爲了阻止多國部隊從地面進攻伊拉克，決定把石油當作武器，在陸地、海面上設置火障，阻止多國部隊的進攻。

海珊從三個方面實施他的「以石油爲武器」作戰計劃，首先命令伊拉克士兵將科威特境內的石油開採井和儲油設施炸毀。頓時，科威特境內的幾百口油井大火沖天，濃煙滾滾。

其次，他命伊拉克士兵向波斯灣傾倒幾十萬桶石油，海灣的原油帶達五十六公里長、十六公里寬，並且以每天二十四公里的速度向南擴展。海珊還令士兵在科威特境內的伊拉克陣地前沿挖了一條條壕溝，裡面灌滿石油，並在科威特沿海建造了一個石油管道網，一旦美軍進行兩棲登陸，伊軍就可以釋放出燃料，使海面成爲火海，壕溝變成火牆，阻止多國部隊的地面進攻。

但是，先進的武器設備、嚴密的作戰組織，使海珊阻止多國部隊進攻伊拉克的企圖失敗了。

多國部隊的地面進攻部隊在空軍炸毀了伊拉克的「壕溝」後，以推土機作開路，順利解放科威特，並進入伊拉克境內作戰。一九九一年二月二十八日，第一次波灣戰爭結束，海珊以失敗而告終。

像海珊這樣運用石油作武器，可謂獨創，確實也具有很大的破壞力和防禦力。但是，多國部隊並沒有從海上進攻，海上的石油帶根本沒發揮作用，而陸地上的「火障」、「油溝」也被多國部隊克服。

海珊的石油作戰計劃，徒留破壞石油設施、污染周圍環境的罪名。

米其林輪胎拒絕總統參觀

為保護技術秘密，米其林公司不僅謝絕國內外各種人員的考察、參觀，就是在企業內部也很講究保密，此舉讓米其林長久立於不敗之地。

歷史悠久的法國米其林輪胎公司有雄厚的資金和高新技術，被稱爲歐洲最神秘的企業。該公司產品銷售額持續增長，在國際市場優勝劣敗的激烈角逐中，一直是業績斐然的佼佼者。

預見新技術、新需求，搶在他人之前的能力，是米其林公司保持競爭力的關鍵。子午線輪胎爲米其林公司首創，比常規的斜交輪胎結構合理，價格雖比其他廠家同類產品要高出五十%，但使用壽命長一倍以上，而且耗油量低，符合節能要求，很快成爲譽滿歐美的王牌產品。

當時，在巴黎博覽會上，米其林公司推出直徑達五米的子午線輪胎，被譽爲「輪胎之王」。

爲了保持產品的領先地位，米其林公司不惜耗費鉅資，建立起了大型試驗中心。位於克萊蒙菲朗城北的拉杜，擁有多種測試設備、儀器和儀錶，分物理化學試驗室、綜合試驗場和高速里程試驗車隊。

僅綜合試驗場就配有六百名司機、三十名工程技術人員，各種試驗車輛七百部，專用車道三十二公里，可以對輪胎行駛、起動、煞車、轉彎、加速、濕滑、阻力等進行試驗。

米其林公司擁有非常雄厚的科研技術力量，有專門研究開發人員萬餘人，占全體員工百分之十；龐大的培訓中心，科研費占整個收入百分之五，不斷創造新技術，開發新產品。

米其林公司非常重視對新技術保密。法國前總統戴高樂視察法國中部克萊蒙菲朗市時，特意要參觀一下米其林公司的輪胎廠，本意是想提高米其林的知名度。可是，出人意料的，被該公司的總經理婉言謝絕了。

他對總統說：「假如您一個人來看看，我們當然歡迎。但是，我想您是不會一個人來的，萬一您的隨員中有人竊取我們的技術……」。消息不脛而走，米其林公司因而成爲法國和歐洲最神秘的企業。

米其林公司保持競爭力的關鍵是有先見之明，能搶在他人之前，而且做到徹底保守秘密。

爲保護技術秘密，米其林公司不僅謝絕國內外各種人員的考察、參觀，就是在企業內部也很講究保密，每個工序之間不允許員工互相探詢。此舉讓米其林長久立於不敗之地，在保密方面發揮了重要的作用。

【第2章】

修道保法

孫子提出，必須根據兵力的眾寡強弱決定進攻或防守，同時修明政治、確保法治、順應人心，使自己立於不敗之地，並且依據戰爭形勢的變化，準確地把握時機、戰勝敵人。

周幽王輕燃烽火禍國

西戎人馬殺了周幽王，搶走了褒姒，周朝多年聚集的財寶被搶劫一空。周幽王千金買一笑，輕燃烽火，置國家軍法不顧，導致國家滅亡。

周幽王當上皇帝後只知吃喝玩樂，不管國家大事，對美人褒姒十分寵愛。可是，褒姒自從進宮以來，沒有露過一次笑臉。幽王想盡辦法要讓她笑，特地出了賞格：有誰能讓褒姒娘娘一笑，賞一千兩銀子。

不久，虢石父想了一個辦法。

原來，周朝為防備西戎進攻，在驪山一帶建造了二十座烽火台，每隔幾里地一座。一旦西戎打過來，第一座烽火台立即將烽火燃燒起來；第二座烽火台見了，也將烽火燃起來。一個接著一個，附近的諸侯見了，便立即發兵來救。

虢石父對周幽王說：「現在天下太平，烽火台長久沒有使用了。大王將娘娘帶到驪山上，晚上咱們將烽火都點燃起來，讓附近諸侯見了趕來。娘娘見了那場面，包管會笑起來。」

周幽王拍著手說：「好極了。」於是帶著褒姒上了驪山。

晚上，烽火台都燃起火來，火光沖天，附近諸侯以爲是西戎打來了，都急忙帶領兵馬來救援。沒想到趕到之後，連一個西戎兵影子也沒有，只聽到驪山上樂聲陣陣，歌聲婉轉，各諸侯都愣了。

周幽王派人告訴諸侯，這裡沒有什麼事，只不過是王妃想看看烽火而已，你們回去吧！

諸侯知道上了當，一個個氣得肺都要炸了。褒姒見滿天火光，火光中兵馬馳騁，眞的笑了起來，撒嬌地說：「虧你想得出這遊戲。」

幽王見褒姒開了笑臉，高興得不得了，不僅將一千兩銀子賞了虢石父，還將王后和太子廢了，立褒姒爲王后，褒姒的兒子伯服爲太子。

王后的父親得到這個消息，就聯合西戎進攻鎬京。

周幽王得知西戎進攻，驚慌失措，連忙叫虢石父將烽火台點起來。烽火燃起來了，可是諸侯們卻一個也沒來。前次上當，這次大家都不理會了。周幽王左等右等，就是沒有一個救兵到來。

駐守鎬京的兵馬寡不敵衆，西戎人馬像潮水湧進城來，殺了周幽王，搶走了褒姒，周朝多年聚集的財寶被搶劫一空。

中原諸侯後來得知西戎進了鎬京，這才帶兵前來打退西戎軍，見幽王已死，便立原來的太子爲王，就是周平王。由於鎬京殘破不堪，西元前七七〇年，周平王將京城東遷雒邑（今洛陽），史稱東周。

周幽王千金買一笑，輕燃烽火，置國家軍法不顧，導致國家滅亡。

孫武軍前斬美人

孫武軍前斬美人而嚴軍法，即使是嬌生慣養的美人，也能成為英姿颯爽的娘子軍，由此可見法紀的威力。

春秋末年，兵法名家孫武從齊國來到南方的吳國，經吳國大夫伍子胥介紹，見到了吳王闔閭。吳王說：「你寫的兵法十三篇我已經讀過了，你能用我的宮娥彩女做一次軍事演習嗎？」

顯然，吳王並不是要看花拳繡腿的軍事演練，而是要試探孫武的本事。

孫武知道吳王的用意，決定因勢利導，使這次軍事演習展現紀律嚴明、信賞必罰，以及「將在軍，君命有所不受」這些最新軍事思想。

於是，他從宮中選出一百八十個美女，分成兩隊，任命吳王最喜愛的兩個寵姬做隊長，每個人都手持方天畫戟，英姿颯爽，意氣風發。

孫武耐心地對她們進行交代：「妳們知道前心、後背、左手、右手嗎？如果發佈命令『向前走』，就對著前心走；『向後走』，就轉過身走；『向左走』，朝左手走；『向右走』，朝右手走。這些號令妳們都聽清楚了嗎？」

一百八十名女兵同聲回答：「聽清楚了。」

接著，孫武在軍前樹立銀光閃閃的大斧，說明這是用來執行軍法的，違背軍法當場斬頭示眾。

孫武下令擂起戰鼓，發佈「向右走」的口令，這些在宮中嬌生慣養的美人哈哈大笑，站在原地不動。

孫武說：「妳們可能對號令還不明白，對軍法還不熟習。」又不厭其煩地三令五申，直到每一個人都明白無誤。

孫武第二次下令擂起戰鼓，發佈「向左走」的口令，誰知這些美女又笑得前仰後合，仍然站在原地。

孫武見狀嚴肅地指出：「口令不明，軍法不熟，是大將的責任；口令已明，軍法已熟，而不按口令行動，是違反軍法，兩名隊長應承擔罪責。」下令把兩名隊長推出斬首。

吳王在遠處高台上正看得高興，忽然見孫武要斬兩名隊長，連忙派專使下來制止，說道：「我已經知道孫將軍會用兵了，這兩個美人是我最寵愛的，沒有她們，我吃飯不香，睡覺不甜，請不要殺她們。」

孫武對專使說：「吳王既然任命我爲軍事演習中的大將，大將在軍事行動之中是可以不接受國王命令的。」

兩名隊長的頭被大斧剁下來，放在盤子裡在軍前傳觀，孫武又任命兩名宮女充當隊長，重新擂起戰鼓，發佈各種口令。兩隊女兵向前、向後、向左、向右，跪下、起立，一舉一動都符合軍令的要求，嚴肅認眞，鴉雀無聲。

孫武派人向吳王報告：「這支娘子軍已經訓練就緒，可以使她們赴湯蹈火，請吳王下來觀看。」

經過這次軍事演習，吳王瞭解了孫武的軍事才能，任命他爲吳國的大將，準備征討楚國。後來，孫武率領吳國軍隊打敗強大的楚國，攻進楚國首都，爲吳國立下赫赫戰功。

孫武軍前斬美人而嚴軍法，即使是嬌生慣養的美人，也能成爲英姿颯爽的娘子軍，由此可見法紀的威力。

秦趙邯鄲之戰

邯鄲之戰中，趙國能以弱勝強，關鍵在於制定了立於不敗之地的策略。而秦軍的失敗，則是秦昭王不瞭解兵法原則，貿然發動戰爭。

西元前二六二年，韓國遭到了秦國進攻，秦軍攻佔了韓國的陘（今河南濟源西北）、高平（今河南濟源西南）、少曲（今河南濟源西）、野王（今河南沁陽）地區。韓王非常恐懼，忙派使者入秦，表示願獻出上黨郡求和。

但是，上黨郡太守馮亭不願獻地入秦，爲了轉移矛盾，減輕秦國對韓國施加的壓力，就將上黨郡獻給了趙國。趙王貪利受地，引起秦國的不滿，於是秦國出兵攻趙，引發了長平之戰。

西元前二六〇年，秦、趙在長平決戰，秦將白起針對趙括只知紙上談兵、傲慢輕敵的特點，制定了後退誘敵、包圍殲滅的作戰方針，全殲趙軍四十餘萬。白起取得勝利後，還想一鼓作氣，滅掉趙國。

秦軍的進攻勢頭，引起了趙國及周圍諸侯國的恐懼。趙國為了免於滅亡，與韓國合謀，派蘇代攜帶重寶赴秦國遊說秦相范雎。蘇代從范雎的個人利益及秦國的得失兩方面來動搖其滅趙的決心，同時提出割地求和。

范雎被蘇代的分析打動，便向秦王建議准許趙割地議和。秦王考慮長平之戰相持三年，秦軍雖然戰勝，但士卒死傷不少，國虛民饑，於是同意韓割垣雍，趙割六城給秦國，達成和議。

秦國於西元前二五九年正月撤兵。但是，秦國撤兵後，趙國卻不願履約割地，秦國憤而出兵，引發了邯鄲之戰。

邯鄲之戰可以說是長平之戰的延續戰。在邯鄲之戰，趙國記取了長平之戰失敗的教訓，改變了軍事戰略，在強敵面前，力求做到「先為不可勝」。他們制定了堅守邯鄲、持久防禦、避敵疲敵的作戰方針，使秦軍處於勞師遠襲、頓兵攻堅的困難境地。

秦國軍隊久攻邯鄲不下，陷入師老兵疲、進退兩難的尷尬處境。趙國在固守邯鄲的同時，則積極從事合縱活動。平原君趙勝率毛遂等人赴楚國求援，毛遂以秦軍曾經攻破郢都、焚燒夷陵、迫楚遷都的舊怨來激怒楚王，使楚王答應出兵北上救趙。此外，魏王也即答應救趙，並派出軍隊十萬向邯鄲進發。

爲了儘快結束戰事，秦軍又一次發起猛烈攻勢，邯鄲形勢危如累卵。這時，平原君讓自己的妻妾婢奴也參加守城的勞役，把家中的資財全部拿出來饋贈給士兵，鼓勵士兵拼死作戰。

平原君還招募三千奮不顧身的戰士，向秦軍發起反擊。秦軍出於意外，一時招架不住，向後退卻了三十里。

正在這時，信陵君率領的魏軍和春申君率領的楚軍先後趕到，秦軍在內外夾攻的形勢下戰敗於邯鄲。

魏、楚、趙三國聯軍乘勝進至河東（今山西西南），秦軍退回河回（今山西、陝西間黃河南段之西），放棄了以前侵佔的魏地河東、趙地太原和韓地上黨，邯鄲之戰到此以趙勝秦敗落下帷幕。

邯鄲之戰中，趙國能以弱勝強，關鍵在於制定了立於不敗之地的策略。如緩和國內矛盾，爭取人民的支持，即孫子所說的「修道保法」；同時制定了以守爲主、攻守結合的戰略。在敵軍出現了師勞兵疲、頓兵挫銳的情形下，趙國又能及時抓住有利時機，配合援軍的進攻，一舉擊敗秦軍，贏得勝利。

而秦軍的失敗，則是秦昭王不瞭解兵法原則，在客觀條件不具備的情況下，貿然發動戰爭，造成失敗的惡果。《孫子兵法》強調：「勝可知而不可爲。」邯鄲之戰的勝敗得失，足以啓迪後世的軍事家們。

隋文帝先備後戰滅陳國

隋軍攻入陳都建康，陳後主倉皇躲入枯井之中，後來被隋兵搜出，陳國就此滅亡。長達近三百年的「南北朝」長期分裂的局面終於結束了。

南北朝後期，北周的相國楊堅自立為皇帝，建立了隋王朝，史稱隋文帝。隋文帝胸懷大志，決心一統天下，但在當時，北方的突厥人不時南侵，他便制定了先滅突厥、後滅陳國的戰略方針。

隋文帝與突厥交戰期間，對南方的陳國採取十分「友好」的策略，每次抓獲了陳國的間諜，不但不殺，反而以禮送還；有陳國人士要投靠隋文帝，隋文帝也會以隋、陳「友好」為由，毅然加以拒絕。

為了增加國家實力，隋文帝大膽實行改革，簡化了政府機構，鼓勵農耕，提倡習武。擊潰了突厥之後，隋文帝開始著手滅陳的行動。

江南收穫的時間較早，每到收穫季節，隋文帝就派人大造進攻陳國的輿論，令陳國緊急調徵人馬，以致誤了農時。江南的糧倉多用竹木搭成，隋文帝派遣間諜潛入陳國縱火，屢屢燒毀陳國的糧倉。經過幾年折騰之後，陳國的物力、財力都遭受到不小損失，國力日益衰弱。

為了渡江作戰，隋文帝派楊素為水軍總管，日夜操練水軍。楊素建造的戰船，最大的叫「五牙」，可以乘載八百人；較小的叫「黃龍」，也可乘一百餘人。為了迷惑陳軍，屯兵大江前沿的隋軍每次換防時都要大張旗鼓，令陳軍恐懼不已，以為隋軍是要渡江作戰。到了渡江前夕，隋軍又派出大批間諜進行騷擾、破壞，攪得陳國軍民不得安寧。

但是，面對磨刀霍霍的隋軍，陳國國君陳後主依舊醉生夢死。太市令章華冒死進諫，陳後主竟將他斬首示眾。

西元五八八年十月，隋文帝認為時機已經成熟，指揮水陸軍五十萬人，從長江上、中、下游分八路攻陳。

當楊素的「黃龍」戰船在破曉時抵達長江南岸之時，陳國守軍還都在睡夢之中。隋軍除了在岐亭（西陵峽口）遭到陳國南康內使占仲肅阻截外，一路上攻無不克，戰無不勝。

第二年的正月二十日，隋軍攻入陳都建康，陳後主倉皇躲入枯井之中，後來被隋兵搜出，陳國就此滅亡。長達近二百年的「南北朝」長期分裂的局面，至此終於結束了。

後唐治軍不嚴遭致亡國

後唐治軍只靠物質刺激軍隊，綱紀不明，軍令不嚴，致使國家危難關頭，將士不是望風而逃便是投降敵人，結果遭致滅亡。

五代時期，後唐明宗李嗣源病亡，兒子李從厚繼位，史稱閔帝。李從厚懦弱寡斷，朝政由朱弘昭、馮贇把持。

鳳翔節度使潞王李從珂從小隨李嗣源征戰，不滿朱、馮專權，準備起兵「清君側」。朝廷得知後，命西都留守王思同統帥諸道兵馬征討鳳翔。

由於城垣低矮，鳳翔守軍死傷累累。李從珂見狀登上城樓高聲喊道：「我跟隨先帝，身經百戰，創立今日社稷。如今朝廷輕信讒臣國已不國，即使殺我於國何益？」

將士非常同情，一齊放下了武器。

王思同見無法馭衆，只好棄職逃走。李從珂傳令東進，並許諾凡是攻入洛陽者賞錢百緡，全軍雀躍。李從厚手足無措，慌忙命河陽節度使兼侍衛親軍都指揮使康義誠領兵拒抗李從珂，並傾府庫錢物犒賞康義誠軍。但康義誠到了前線，立即降了李從珂。李從珂軍一路無阻進入洛陽，殺了朱、馮，自即皇帝位。

李從珂即位後，大肆封官許諾，以財物籠絡三軍。爲此，加緊收刮民間財物，引得怨聲四起。此外，李從珂不從根本上從嚴治軍，一味遷就，於是違法亂紀現象愈演愈烈。

西元九三六年，李從珂即位後第三年，河東節度使石敬瑭起事。李從珂命張敬達率軍迎敵，反倒被圍困於晉安（今山西太原市南），數個月後，張敬達被副將楊光遠所殺，楊隨即率部投降。石敬瑭率軍直撲洛陽，李從珂自焚。

後唐治軍只靠物質刺激軍隊，綱紀不明，軍令不嚴，致使國家危難關頭，將士不是望風而逃便是投降敵人，結果遭致滅亡。

治理國家，綱紀不明，軍令不嚴，國家必將滅亡。

朱元璋軍紀嚴明統一中國

「高築牆、廣積糧、緩稱王」三大政方針，為朱元璋翦滅群雄，推翻元朝，最後統一全中國的宏圖大業奠定了堅實的基礎。

元朝末年，天下大亂，農民起義軍馳騁於江淮河漢。赤貧的農民朱元璋最初是皇覺寺中的小和尚，參加紅軍後，由九夫長一路晉升為大元帥，最後翦滅群雄，平定了陳友諒，消滅了張士誠，把元順帝趕到了大漠深處，坐上了皇帝的寶座，成為大明王朝的開國君主，他的成功正是得力於英明而正確的決策。

朱元璋起義不久，安徽當塗的儒生陶安向他建議：「元朝的軍隊和其他幾支農民軍隊的軍風軍紀都很壞，燒殺搶劫，失掉民心，必然失敗。如果你反其道而行之，不殺老百姓，不搶劫財物，不燒民房，就能取得成功。」

朱元璋從此非常注意軍隊的紀律，攻打鎮江之前，與大將徐達串演了一幕苦肉計，假意要殺徐達，經衆將求情，定出攻打鎮江的注意事項，軍隊進入鎮江後秋毫無犯，老百姓和平時一樣經商和務農。軍紀嚴明，獲得人民擁護，是朱元璋取得成功的一個根本原因。

朱元璋佔領南京以後，他的東面、南面是元朝的軍隊，西面是陳友諒的部隊，東南面是張士誠的部隊，陳友諒與張士誠相約東西夾攻，瓜分朱元璋的地盤。

面對如此嚴峻的形勢，何以自處？

謀士劉基爲他出謀劃策：「張士誠是鹽販子出身，遇事斤斤計較，顧慮重重，胸無大志，只想保住自己的家當；我們如果攻打陳友諒，張士誠必定觀望，不敢貿然出兵。陳友諒是洪湖漁民，武藝精良，野心勃勃，有冒險進取精神，他雄踞長江中游，擁有精兵巨艦，對我們威脅極大；我們如果攻打張士誠，他必定要抄我們的後路。因此，我們必須集中兵力先打敗陳友諒，再消滅張士誠，然後揮師北伐，全力對付元朝，則王業可成。」

朱元璋平定了陳友諒、張士誠之後，召開了盛大的軍事會議，全面總結經驗教訓。他說：「在幾支農民軍中，張士誠擁有江浙的魚米之鄉，非常富庶；陳友諒雄踞江漢，武力最強，在富和強這兩方面，我都比不上他們。我之所以能取得成功，在於不亂殺老百姓，軍紀嚴明；再加上萬眾一心，上下同心協力；更重要的，是決策正確，部署得當。如果當時先打張士誠，陳友諒必定傾國而來，我腹背受敵，被迫兩線作戰，誰勝誰負，就很難說了。」

接著，如何北伐元朝，又面臨新的決策，大將常遇春主張直搗大都（北京），劉伯溫提出另外一種打法。他分析說：「北伐中原應採取伐樹之法，砍伐一棵大樹，必先去枝葉，再挖老根，北伐也應該如此，先取山東，撤掉大都的屏障；再回師河南，翦斷元朝的羽翼；接著進駐潼關，佔領元朝的門戶，然後再進軍大都，可不戰而下。」

大將徐達按照這一設想，穩紮穩打，步步推進，出色地完成了這一戰略決策。元順帝在大軍壓境的情況下，窮途末路，放棄了大都，帶著皇后、貴妃，先逃到上都（內蒙古多倫），然後逃往大漠深處（外蒙古）。

在征戰過程中，徽州老儒朱升送給朱元璋三句話：「高築牆、廣積糧、緩稱王。」這是非常高明的謀略，「高築牆」是據險自守，鞏固地盤；「廣積糧」是發展農業，增產糧食，手中有糧，心中不慌；「緩稱王」是縮小目標，不急於當皇帝，避免成爲衆矢之的。

西元一三六三年，朱元璋率領主力部隊去援救被張士誠圍困的小明王，陳友諒帶領六十萬大軍，乘虛而入，攻打南昌。據守南昌的是朱元璋的侄兒朱文正和大將鄧愈，在城牆屢遭破壞的情況下，兩人一邊戰鬥，一邊築城，始終保持城牆的完整，使敵軍不能越雷池一步，死守了八十五天，迎來了朱元璋的援兵。

南昌之戰的勝利，充分顯示出「高築牆」的威力。

朱元璋選派大將康茂才爲營田使，率領將士在江南水鄉修築堤防，興修水利，屯田種糧，又召集流民開墾荒地。朱元璋以漢武帝、曹操爲榜樣，用屯田爲手段達到強兵足食的目的。他在江南屯田、墾荒，發展了農業生產，增強了經濟實力，保證了軍需，鞏固了後方，充分顯示出「廣積糧」的作用。

「緩稱王」則是極爲明智的政治策略。

朱元璋攻佔南京以後，實際上已自成系統，只是當時群雄環伺，朱元璋不敢輕舉妄動，名義上仍然遙奉小明王爲宗主。「緩稱王」的策略使朱元璋避免過早地成爲其他各路人馬的進攻目標，在不被人們過分注意的情況下養精蓄銳，由弱轉強，最後一統天下。

「高築牆、廣積糧、緩稱王」是朱元璋政治、經濟、軍事三方面的指導思想和大政方針，爲朱元璋翦滅群雄，推翻元朝，最後統一全中國的宏圖大業奠定了堅實的基礎。

蘋果電腦公司起死回生

經過幾年的努力，斯卡利終於把賈伯斯創建的蘋果公司，由不適應市場需要的困境中解脫出來，再度在美國個人電腦市場佔有重要的一席之地。

如果問美國工業界，最富傳奇色彩的人物是誰？相信不少人會說是已去世的奇才史蒂芬．賈伯斯。

賈伯斯出生於一九五五年，童年時由加利福尼亞州的一位機械師領養，養父母無微不至地關懷他、照顧他，希望他能成爲一名工程師。

可是，賈伯斯生性頑皮，從不用功學習，而且性格怪僻。他的養父母千方百計說服他戒毒，又花錢把他送進一家學費昂貴的大學。但他只念了一年就中途退學，到處遊蕩。

十幾歲那年，賈伯斯決意去東方流浪，走了不少地方，後來到印度住了一段時間。二十一歲時，他突然明悟人生，決定回國重新做人。

幾個月後，賈伯斯和童年好友沃茲里克創辦了一家電腦設計公司，取名爲「蘋果」。賈伯斯對於設計電腦工作極富天才，相繼開發出的蘋果I型、蘋果II型電腦暢銷全世界。

不到三年，蘋果公司就已盈利數百萬美元，到了賈伯斯二十五歲生日時，他已成爲億萬富翁，一時間成爲美國青年的偶像。

經過近十年的發展，蘋果公司成爲美國的一家大公司，但困難也隨之而來，而造成這些困難的人，正是賈伯斯自己。他輕視IBM公司的威脅，不注意個人電腦市場的發展趨勢，仍然一心一意發展與其他品牌個人電腦不能相容的電腦。另外，賈伯斯個性怪僻，脾氣暴躁，缺乏經營大企業的經驗，但又喜歡干預公司行政和推銷工作，弄得公司管理一團糟。不得已之下，賈伯斯請來了百事可樂公司的年輕總裁斯卡利幫助管理公司。

當時，斯卡利在百事可樂的事業正如日中天，賈伯斯的一句話刺激了他，賈伯斯說：「你願意下半輩子都去賣糖水？還是抓住這個改變世界的機會。」

斯卡利最終投入了蘋果電腦公司的經營管理，當時人們都認爲賈伯斯和斯卡利是最佳經營搭檔，一個是科技天才，一個是經營天才，兩者結合，應該會使公司經營躍上一個新台階。

誰知，不久兩人就產生矛盾，特別是斯卡利指出蘋果公司的致命傷，引起了賈伯斯的不滿。

在賈伯斯領導設計的麥金塔個人電腦在市場遭到失敗後，蘋果公司董事會終於決定解雇賈伯斯，成爲一九八五年美國的一大新聞。賈伯斯離開後，斯卡利全面調整了蘋果公司的經營戰略和公司的管理體制。

在生產方面，順乎時代趨勢，推出了可以和許多公司電腦相容的麥金塔II型個人電腦。該型電腦一上市就十分搶手，銷售情況出乎意料地好。在公司內部管理上，斯卡利強調公司內部要有極大的彈性，鼓勵不同意見，發揮每個人的能力。

經過幾年的努力，斯卡利以他的經營天才，終於把賈伯斯創建的蘋果公司，由一群科學奇才和電腦迷所控制的隨意性很強、不適應市場需要的困境中解脫出來，再度在美國個人電腦市場佔有重要的一席之地。

企業的發展及改革，一定要順應時代發展趨勢，否則便會走向滅亡，蘋果電腦公司的起死回生正說明了這些。

駕馭風險迎接挑戰

殼牌公司始終保持著「危機意識」，各地的公司每年都要舉行四次石油突然中斷供應的「演習」，殼牌船隊也會隨時遇到突如其來的模擬「意外」。

殼牌公司是當今世界上最大的能源公司之一，有一百多年的生產和銷售經驗，分公司遍佈一百多個國家。對一家跨國經營的石油公司而言，它面臨的風險非常大，遠遠超過其他行業，爲此，殼牌公司佈置了三條防線。

第一條防線是地理分散。

殼牌公司可以說是世界上所有石油能源公司中經營網路最廣泛的，在五十多個國家勘探石油和天然氣，在三十多個國家提煉石油，向一百多個國家銷售石油。這種生產和銷售的地理分散，可以不至於因爲某個地區政治或經濟動亂，對公司產生致命的影響。

產品的多樣化，是殼牌公司設置的第二條防線。殼牌公司除了石油，還經營煤氣、化工和有色金屬，這樣做是爲了分散某種產品的市場風險。

第三道防線是快速反應。

殼牌公司密切注意世界各地政治、經濟形勢變化，評估會給石油市場和其他公司業務帶來什麼影響，並充分準備對付一切不測。殼牌公司始終保持著「危機意識」，各地的公司每年都要舉行四次石油突然中斷供應的「演習」，殼牌船隊也會隨時遇到突如其來的模擬「意外」。頻繁的供應失衡演習，增強了地方公司對不測事件的反應能力。

善於處理風險給殼牌公司帶來了很高的效益。據專家估計，在過去五年中，殼牌公司的找油成本，大大低於世界平均水準。

由這個案例可以看到，能承擔一定風險和處理風險可以帶來很高效益。

【第3章】

優兵制勝

《孫子兵法》指出，進攻之時必須集中絕對優勢的力量，像決於千仞高山之上的積水一樣直瀉而下，以不可阻擋的力量，以雷霆萬鈞之勢戰勝敵人。

把水坑變成聚寶盆

裴明禮第一眼看到大水坑時就意識到它的潛在價值，腦袋轉一轉，水坑變寶盆，正確認識和利用度、量、數、稱、勝的關係，定能取得好的成就。

唐朝的裴明禮可以說是一位經商的能人。

有一次，裴明禮看到金光門外有一片大水坑，售價十分便宜，毫不猶豫地把它買了下來。

裴明禮在大水坑中央豎起一根大木桿，木桿上吊著一個竹筐，還張貼了一張告示：凡是能用石塊、磚瓦擊中筐子的，一次賞銅錢百文。

有這麼便宜的事情，誰不樂而爲之呢？大人、小孩爭先湧到大水坑邊，石塊、磚瓦不停地投向竹筐，但是，木桿高、竹筐小，擊中竹筐的人並不多，倒是很快地就把大水坑填平了。

填平了大小坑，裴明禮在上面建起了牛棚、羊圈，供來往販賣牛羊的商人們使用。不久，牛羊的糞便堆積如山，而這正是附近農民種田的「寶貝」，裴明禮把它們賣給種田人，幾年間就賺了一萬貫錢。隨後，裴明禮就在這塊土地上蓋起了房屋，在四周栽下了花卉草木，建起了蜂房……

後來，裴明禮成了遠近聞名的富紳。

原來，裴明禮第一眼看到大水坑時就意識到它的潛在價值：它地處交通要道，是南來北往販賣牲口的商人們必經之路；它的附近又都是莊戶人家，莊戶人家要種地，種地又離不開「肥」。

這就是大水坑能變成「聚寶盆」的奧秘所在。

腦袋轉一轉，水坑變寶盆，正確認識和利用度、量、數、稱、勝的關係，定能取得好的成就。

艾柯卡投石問路

第一年敞篷汽車就銷售二萬三千輛，是原來預計的七倍多。投石問路著實是一招好棋，透過測試，艾柯卡推出敞篷車，為克萊斯勒公司贏得可觀的利潤。

孫子指出，兩軍對戰之時，必須比較敵我雙方實力強弱的五種要素：「度」、「量」、「數」、「稱」、「勝」。透過對這些要素的比較和估計，才能準確地判斷敵情我情。

一九八二年，瀕臨破產倒閉的美國第三大汽車製造公司克萊斯勒，在艾柯卡的領導經營下，終於走出連續四年虧損的低谷，但如何重振雄風仍是艾柯卡苦苦思索的問題。

企業家常用的方法是提高企業的知名度和產品的市場佔有率，而出奇制勝、價廉質優又是重要手段。

艾柯卡根據克萊斯勒當時的情況，決定出奇制勝，把賭注押在敞篷汽車上。美國汽車製造業停止生產敞篷小汽車已經十年了，原因是由於時髦的空氣調節器和收錄音機對敞篷汽車來說是毫無意義的，再加上其他競爭原因，使敞篷小汽車幾乎消聲匿跡。

雖然預計敞篷小汽車的重新出現會激起老一輩駕駛人對它的懷念，也會引起一代年輕消費者的好奇，但是克萊斯勒大病初癒，再也經不起大折騰，爲了保險起見，艾柯卡採取了「投石問路」的策略。

艾柯卡指揮工人以手工製造了一輛色彩新穎、造型奇特的敞篷小汽車，當時正值夏天，艾柯卡親自駕著這輛敞篷小汽車在繁忙的汽車主幹道上行駛。

在形形色色的有頂汽車洪流中，敞篷小汽車彷彿是來自外星球的怪物，立即吸引了一長串汽車緊隨其後。幾輛高級轎車利用速度快的優勢，終於把艾柯卡的敞篷小汽車逼停在路旁，這正是艾柯卡所希望的。

追隨者下車來圍住坐在敞篷小汽車的艾柯卡，提出了一連串的問題：「這是什麼牌子的車？」「這車是哪家公司製造的？」「這種汽車一輛多少錢？」

艾柯卡面帶微笑一一回答，心裡滿意極了，看來情況良好，自己的預期是對的。

爲了進一步印證，艾柯卡又把敞篷小汽車開到購物中心、大型超市和娛樂中心等地，每到一處就吸引一大群人圍觀，道路旁的情景在那裡又一次次重現。

經過幾次「投石問路」，艾柯卡掌握了市場情況。不久，克萊斯勒公司正式宣佈將要生產「男爵」型敞篷汽車，美國各地都有大量的愛好者預付定金，其中還有一些女駕駛。

結果，第一年敞篷汽車就銷售了二萬三千輛，是原來預計的七倍多。

投石問路著實是一招好棋，透過測試，艾柯卡推出敞篷車，爲克萊斯勒公司贏得了可觀的利潤。

林則徐積極備戰勝英軍

林則徐率廣東軍民積極防禦、勇猛作戰，集中一切可利用資源，包括人才、設備來對付英軍，可謂用心良苦，最終成功地守衛了廣東。

清朝道光十九年（西元一八三九年）九月三日，林則徐在虎門銷毀鴉片一百一十多萬公斤，這項禁菸壯舉震驚了全世界。

林則徐深知英國人絕不會就此善罷干休，一定會試圖以軍事上的優勢威逼清朝政府，於是加緊進行抵禦英軍的準備工作。

林則徐採取了幾項措施：派人去葡萄牙人盤踞的澳門購買報紙，瞭解國外最新情況；招募在外國教會讀書的學生，翻譯有關世界政治、歷史、地理方面的資料；

購進一批西洋大船，改裝一些漁船，充實水軍；新建炮台，秘密購買大炮，增強虎門的防禦力量；在虎門外海布下鐵鏈和木排，阻止英船進入內海；招募五千名壯丁和漁民，加緊進行水戰訓練……

一八四〇年四月，英軍以女王外戚麥伯爲統帥，率領三十艘戰船侵入廣東沿海，肆意開槍開炮，轟擊魚船，屠殺居民。林則徐指揮清軍水師夜襲英船，將十一艘英船焚毀，英軍官兵倉皇逃竄，不少被大火燒死和落水溺死。此後，林則徐又以「火船」乘風而進，向停泊在金門星、老萬山外的十餘艘英船發起攻擊，「燒」得英軍狼狽而逃。

由於林則徐率廣東軍民積極防禦、勇猛作戰，在他離開廣州前，英軍始終未能侵入廣東沿海。

林則徐集中一切可利用資源，包括人才、設備來對付英軍，可謂用心良苦，最終成功地守衛了廣東，眞是一代英雄。

蘇聯空降部隊慘敗布克林

蘇聯軍隊出動，由於沒有充分準備，運輸力量也不足，導致不能集中優勢力量阻擊德軍，最終以失敗告終。

一九四三年九月，蘇聯軍隊爲擴大涅伯河右岸布克林的登陸場，阻止德軍預備隊開進，臨時組建了一支空降兵軍，計劃在九月二十四日夜間進行空降。

德軍發現了蘇軍的企圖後，緊急抽調了一個步兵師、一個摩托化步兵師和一個坦克師增援布克林，並增加了高射火器和探照燈，準備一舉消滅蘇軍空降部隊。

蘇軍並不知道德軍已在布克林嚴陣以待，費了九牛二虎之力才集中了第三、第五兩個傘兵旅，在運輸力量不足的情況下，於九月二十四日倉促實施原作戰計劃。

十七時三十分，運載第三傘兵旅的飛機起飛，這天晚上，蘇軍共出動運輸機二九六架次。然而，由於空降著陸過於分散，旅長又沒有配備大型電台，無法與蘇軍主力取得聯繫，也無法與所屬各團、營、連取得聯繫，第三傘兵旅在布克林成了一支「孤軍」。第三傘兵全旅通信中斷，上下級互不溝通，在德軍猛烈攻擊下，被分割的小傘兵群，一面艱難作戰，一面竭力聚攏，企圖合併成較大的傘兵群。

第五傘兵旅的情況更糟，運輸機到達預定集結地後，機場缺少足夠的加油車為它們加油，致使運輸機只能單機起飛，整整一個夜晚才空降了兩個營，約一千餘人，這些空降兵的命運與第三傘兵旅完全一樣。

蘇軍空降兵著陸後，東躲西藏，晝伏夜出，只能充當游擊隊的角色，完全未能實現預定的目的。「游擊隊員」們一直堅持了兩個多月的頑強戰鬥，直至十一月二十八日才與蘇軍渡河部隊會合，無疑是相當糟糕的一次空降作戰。

蘇聯軍隊出動，由於沒有充分準備，運輸力量也不足，導致不能集中優勢力量阻擊德軍，最終以失敗告終。

埃及發動十月戰爭

「十月戰爭」的勝利使埃及洗雪第三次中東戰爭中所蒙受的恥辱，打破以色列「不可戰勝」的神話，為以後的中東和談鋪平了道路。

一九六七年第三次中東戰爭後，阿拉伯國家由於大片領土喪失，民族自尊心大受傷害。一九七〇年十月，沙達特繼任埃及總統，爲了洗刷恥辱，決定發動一次新的中東戰爭。

一九七一年，埃及總統沙達特指示總參謀部制定對以色列的作戰計劃。

埃及總參謀部對第三次中東戰爭埃及失敗的原因、目前以色列的防禦戰略等等情況進行了充分研究，發覺以色列有一個可供利用的弱點。第三次中東戰爭後，以色列掠奪了大片阿拉伯國家領土，產生驕傲感，有了輕敵的思想。以色列人認爲，埃及在文化、技術上遠不如以色列，埃及軍隊沒有橫渡蘇伊士運河、突破巴列夫防線的能力；在目前的國際形勢下，埃及不具備發動戰爭的能力，而阿拉伯國家也不會聯合起來，對以色列發動大規模進攻。

埃及參謀部認爲可以利用以色列的輕敵弱點發動突襲，擊敗以色列。

爲了保證突襲成功，埃及參謀部進行了一系列細緻的研究和周密的部署，決定在巴列夫防線上選擇突破口，使埃及軍隊順利進入西奈半島進行作戰。針對被以色列宣稱「不可逾越」的巴列夫防線，他們著重在三個方面進行了準備。第一，對於以色列在運河東岸築起的龐大沙壘，決定用高壓水泵完成打開通道的艱鉅任務。第二，對於以色列在防線上埋下的易燃油罐，研製出了事先動手，不讓以色列人有使用這一裝置的機會。第三，組織和訓練了一批突擊隊員，從裝備、技術、模擬作戰等方面進行嚴格的訓練，爲突破防線準備了一支強硬的隊伍。

以陸軍爲主力攻破巴列夫防線的「巴德爾計劃」就這樣產生了。爲配合陸軍行動，埃及總參謀部要求炮兵、空軍都加強訓練、配合陸軍的行動。空軍的任務是發動突襲，對以色列在西奈半島的重要軍事設施進行摧毀。炮兵的任務是以密集的火力壓制以色列在運河東岸的武裝力量，讓埃及突擊隊攻破巴列夫防線後能夠站穩腳跟，擴大戰果。

之後，在穆巴拉克將軍部署和指揮下，埃及空軍又研擬了一系列周密的行動計劃。他們決定用以假亂眞的計謀使空軍突襲以色列成功，爲此制定代號爲「利比亞使命」的行動計劃，緊緊配合埃及的整個作戰計劃。

埃及總參謀部爲了讓以色列措手不及，在作戰時機上也花費了不少精力，最後確定一九七三年十月爲開戰時機。理由是：

第一，以色列將於十月二十八日進行國會議員大選，猶太人莊嚴的贖罪日也在十月。另外，十月也是阿拉伯國家的傳統齋月，以色列可能會認爲埃軍不會在齋月採取軍事行動。

第二，十月份夜暗可達十二個小時，埃及軍隊利用這段時間渡河不易被以色列人發現。同時，十月份的氣候對埃及和敘利亞都有利，可使阿拉伯國家在多條戰線上同以色列作戰。

埃及對作戰日也做了深入研究，選定十月六日開戰。十月六日是猶太教的贖罪日，這一天以色列全國各種社會活動完全停止，而且這一天還是週末，許多以色列士兵也去度假。

記取了第三次中東戰爭中國際輿論對埃及不利的教訓，埃及在外交上也進行積極活動。一九七三年五月沙達特總統出席非洲統一組織首腦會議，促使會議通過譴責以色列的決議。

在以色列殺害三名巴勒斯坦領導人的事件中，沙達特總統又要求聯合國安全理事會召開會議，結果會上以十四票對一票通過譴責以色列的決議。沙達特還參加一九七三年九月不結盟國家首腦會議，使與會國家支持他加強戰備。總之，到發動戰爭前三個星期，世界上有一百多個國家支持埃及的行動。

一九七三年十月六日下午二時，埃及、敘利亞軍隊同時向以色列軍隊發動進攻。埃軍部署在蘇伊士運河西岸的四千門火炮同時齊鳴，轟擊巴列夫防線上的以色列陣地。與此同時，埃及空軍對以色列的指揮所、炮兵陣地和機場進行猛烈轟炸。十五分鐘後，埃及的八千名突擊隊員操橡皮艇渡河，接著鋪設浮橋，用高壓水泵噴射運河東岸的沙堤，開闢通道。

七日，埃及軍隊突破了巴列夫防線。九日，埃及軍隊越過運河的人數已達十萬，控制了運河東岸約十至十五公里的地帶。後來，在美、蘇等大國干涉下，埃及和以色列於十月二十二日達成停火協定。

埃軍以雷霆萬鈞之勢贏得了勝利。「十月戰爭」的勝利使埃及洗雪第三次中東戰爭中所蒙受的恥辱，打破以色列「不可戰勝」的神話，提高了埃及的國際威望，爲以後的中東和談鋪平了道路。

以色列空襲伊拉克核反應爐

「巴比倫行動」有許多跡象，伊拉克本來是可以預先發現做好準備的，然而伊軍飛彈和飛機都沒有做出反應。結果，就是伊拉克主動權喪失了，核反應爐遭到摧毀。

一九八一年六月七日（星期日），以色列空軍襲擊伊拉克核反應爐，使得價值四億美元的「烏西拉克」核反應爐被徹底摧毀，而以軍無一損傷，順利返回本土。

一九七五年十一月，伊拉克先後與法國、義大利簽署了「核子合作協定」，引進了核反應爐設備和技術，預計一九八一年七月一日投入使用。反應堆建在伊拉克首都巴格達東南方二十公里處，周圍部署有高炮部隊和飛彈部隊，在巴格達空軍基地部署有攔截戰鬥機，以保護這座核反應爐的安全。

伊拉克掌握核子技術，使以色列深感憂懼、惱怒，一方面通過外交途徑向法、義兩國施加壓力，一方面準備武力摧毀。就在以色列大選前夕，一個代號「巴比倫行動」的計劃出籠了。以色列抽調十四架戰鬥機，挑選二十四名一流的飛行員，並由一名曾參加過三次以阿戰爭的上校擔任指揮，組成突擊組。

一九八一年六月七日下午四時，以色列襲擊分隊從埃齊翁機場起飛。F十五戰鬥機掛有「麻雀」飛彈、「響尾蛇」飛彈和副油箱，F十六戰鬥機掛有兩枚炸彈和一排「響尾蛇」飛彈，帶隊長機帶兩枚「靈巧」炸彈。

編隊後，空襲分隊沿沙烏地阿拉伯、約旦邊境的起伏地形進行波浪式超低空飛行，避開地面雷達的「視線」。

以色列戰鬥機全部塗上戰時偽裝顏料和約旦空軍標記，當機群沿約旦、沙烏地阿拉伯邊境飛行時，被沙烏地的雷達發現並命令通報身份，以色列飛行員即以流利的阿拉伯語回答：「約旦空軍」、「例行訓練」，對方信以為真。

後來，機群又被約旦雷達發現。由於以軍機群編隊密集，在雷達螢幕上顯示的圖像又是模糊亮點，很像一架大型運輸機，飛行員即用國際民航通用英語回答「民航機」，再次蒙混過關。

為保證隱蔽，突擊組保持無線電靜默，只有在飛越幾個預定地標時，由領隊向指揮部發出暗語：「黃色沙丘！」以表示飛行順利。這些措施，隱蔽了機群行動，使周圍國家沒有察覺。

十七時三十分，突襲機群發現了坐落在巴格達東南十九．三公里的反應堆。反應堆三面築有一道馬蹄形土堤，四周築有高炮和地對空飛彈陣地。進入轟炸航路前，F十五躍升進行空中掩護，F十六爬高到六一〇米，迅速進入轟炸航路。帶隊長機發射兩枚「靈巧」炸彈，按預定彈著點精確命中目標，炸穿了混凝土結構的圓形屋頂。其餘戰鬥機跟進，將炸彈投進被炸開的缺口。整個襲擊歷時二分鐘，原子反應堆的圓形屋頂坍塌，中心大樓被夷為平地，原子防護罩不見了，核反應爐被毀壞，另兩座建築物也遭到嚴重破壞。

核反應爐的保護部隊，被突如其來的襲擊打得暈頭轉向，高射炮放了一陣空炮，無一命中，薩姆飛彈沒有來得及發射，攔截飛機也沒有來得及起飛，以軍戰鬥機已逃之夭夭了。

伊拉克失敗的主要原因是反應遲鈍。以色列對伊拉克建立核反應爐十分惱怒，早就威脅要千方百計地進行破壞，而且不少國際媒體也披露過，以色列前國防部長埃澤爾·魏茨曼說，總理準備在大選前進行一次冒險行動。但伊拉克軍事領導人對此卻沒有做出反應，警戒部隊也沒有加強戒備。

當以色列十四架戰鬥機進入領空後，伊拉克雷達兵竟然沒有發現。在以機進行兩分鐘轟炸期間，飛彈部隊、航空部隊沒有做出反應，高炮部隊雖然進行了射擊，然而無一命中，結果四億美元的核反應爐毀掉了。

「巴比倫行動」有許多跡象，伊拉克本來是可以預先發現做好準備的。從時間上看，先進的防空系統發現目標後五至六秒鐘就可以攻擊目標，然而伊軍飛彈和飛機都沒有做出反應。從空間上看，以軍長距離飛行，安全往返，飛越幾個國家，但這些國家都沒採取行動。結果，就是伊拉克主動權喪失了，核反應爐遭到摧毀。

定價的風險

德克薩斯儀器公司應該採取穩中求長的價格策略，即開始時先以可靠的品質、低廉價位行銷，然後慢慢造成差異化，將產品品質提高，價格也相對提高。

產品定價是一項重要、困難而又有風險的工作。每個企業在推出一種新產品時，都會遇到定價問題：是以高價推出，還是低價推出？是以低單位利潤的大量銷售方式獲利，還是相反？

在短期經營和長期經營中，價格會對銷售的利潤有什麼影響，這是一項既擔風險，又需要企業家在競爭中做出正確抉擇的問題，稍有不慎，就可能導致全軍覆沒的局面。

當年美國德克薩斯儀器公司準備投產電子手錶時，爲了造聲勢，在各個媒體廣泛宣傳。由於該公司設備先進，技術力量雄厚，很多觀察家預測，以它在工業產品和個人電腦方面的經驗，可望使美國成爲世界鐘錶工業的中心。

在確定以什麼價格推出新產品時，德克薩斯儀器公司決定採用滲透價格法。滲透定價法就是以新產品迅速向市場滲透爲主要目的，通常運用在新產品剛剛進入市場階段，企業採用較低價格投放市場的策略，以便在短期內吸引顧客，打開銷路。

德克薩斯儀器公司掌握了當時每個電子錶的價格爲二十五美元的市場訊息，認爲降低價格必然會使需求量增加，而大規模生產則可保證公司不斷降低產品成本，採用滲透價格法會獲得成功，因此決定以大大低於市場價格的售價銷售新產品。

這種效果在剛開始銷售時，確實帶來了極大的效果。

一九七六年該公司的電子手錶以每只二十美元的價格出售，幾個月後又降低了十美元，是當時市場價最低的手錶。消費者看到這種手錶走時準、價格低，都爭相購買，一時間公司的銷售額飛速增長。

可是，過了兩年，銷售額就不再增長，反而出現了一千萬美元的虧損，失去了電子手錶在手錶中的領先地位。

德克薩斯儀器公司在手錶工業中的失敗，重要原因之一就是定價的失敗。開始時以低價推出新產品，藉此吸引顧客、佔領市場是正確的。但手錶除了顯示時間外，還有展現消費者身份、地位、炫耀的性質，戴高級手錶乃是高貴奢華的象徵。爲此，有些人寧願多花一些錢，購買高級錶以滿足這種心理，而廉價的電子數位手錶並不能體現消費者炫耀自我的心理需求。

因此，該公司推出的並不是理想的價格，該公司應該採取穩中求長的價格策略，即開始時先以可靠的品質、低廉的價位行銷，然後慢慢造成差異化，將產品品質提高，價格也相對提高。

虎狼之師消滅六國

秦國的軍隊之所以能無敵於天下，就在於軍功爵制的作用，軍功爵制使秦國的每個軍人都拼死作戰，成為一支精強的威武雄師。

秦始皇能統一六國，在於秦國擁有強大善戰的軍隊，以及眾多智勇雙全的武將，有這些人帶兵打仗，秦始皇的統一戰爭毫無懸念。

軍隊的基礎在士兵，沒有全體官兵英勇奮戰，再高明的決策者也難以打贏一場戰爭。正基於此，《孫子兵法》中首篇就提出了「令民與上同意」的問題。張預曾對此注曰：「百將一心，三軍同力，人人欲戰，則所向無前矣。」

在統一天下的戰爭中，秦王嬴政意識到了全國軍民一心的重要性，屢屢進行軍事總動員，並親自視察前線，犒賞官兵，以求全國軍民都能團結一致，為統一戰爭奉獻心力。

在有關建設軍隊的問題上，呂不韋給了秦王政很正確的教誨：要用武力統一六國，沒有素質優良的軍隊是不行的。古代許多有才幹的將領就是經過選拔、裝備精良的軍隊而成就王業霸業的，如商湯、周武王、齊桓公、晉文王、吳王闔廬。

那麼，怎樣才能訓練出一支精強的軍隊呢？秦王政有自己的一套治軍謀略。他認為，要提高軍隊的戰鬥力，必須嚴格推行秦國的軍功爵制。他把軍功分為二十級，每個級等分得細緻入微，為的是使論功行賞能夠符合實際。

另一方面，在統一戰爭前夕，由於秦王政採行了開放的人才政策，賢德之士紛至沓來，極大地充實秦國這架戰爭機器。在七雄紛爭的戰國時代，要戰勝對手，僅有高層領導的團結遠遠不夠，還必須有一支團結的、強大的武裝力量。為了使自己的軍隊在激烈的鬥爭中立於不敗之地，秦王政加強了軍隊建設。

概括起來，首先在於對舊的國家軍隊進行系統化改造，其次是進行思想改造，用法家的思想代替「禮治」思想；再者是增強國防意識，培養尚武精神，把國防教育和培養尚武精神提升到治本的高度，把統一戰爭作爲國家的目標。另外，還鼓勵耕戰，以農養戰。

秦始皇還在軍隊中建立嚴厲的獎罰制度，按功授爵授賞，大大提高了秦國軍隊的積極性和戰鬥性。

在秦王政時期，對士兵有功者皆賞賜，士兵能夠獲得敵國甲士一顆首級，就賞賜他爵位一級、田地一頃、住宅九畝、「庶子」一人，以及做軍隊和衙門中官吏的資格。對將官有戰功者的賞賜，打一次大勝仗，可以賜爵位三級，還「賜虜」、「賜邑」、「賜稅」。

國君的宗族沒有軍功不能列入公族的簿籍，不能享受宗族的特權，「有功者顯榮，無功者富貴無所芬華。」

秦國的軍隊之所以能無敵於天下，就在於軍功爵制的作用，軍功爵制使秦國的每個軍人都拼死作戰，成爲一支精強的威武雄師。

接下來就是秦始皇率領這支「虎狼之師」，驅趕「羊群」了。

唯有精強的軍隊才能百戰不殆，無敵於天下。

之山者，勢也。

【注釋】

治衆如治寡：治，治理、管理，意為管理人數衆多的部隊，如同管理人數很少的部隊一樣。

分數是也：分數，指軍隊的編制，把整體分為若干部分，就叫分數。這裡是指分級分層管理之意。

鬥衆：指揮人數衆多的部隊作戰。鬥，使……戰鬥。

形名是也：形，指旌旗；名，指金鼓。在戰場上，投入兵力衆多，分佈面積也很寬廣，臨陣對敵，無從知道主帥的指揮意圖和訊息，所以設置旗幟，高舉於手中，讓將士知道前進或後退等，用金鼓來節制將士或進行戰鬥或終止戰鬥。

必受敵而無敵：必，「畢」的同音假借，意為完全、全部。

奇正是也：奇正，古兵法常用術語，指軍隊作戰的特殊戰法和常用戰法。就兵力部署而言，以正面迎敵者為正，以機動突擊為奇；就作戰方式言，正面進攻為正，側翼包抄偷襲爲奇；以實力圍殲爲正，以誘騙欺詐爲奇等。

以碫投卵：碫，礪石，即磨刀石，泛指堅硬的石頭。以碫投卵，比喻以堅擊脆，以實擊虛。

虛實：古代兵法常用術語，指軍事實力上的強弱、優劣。有實力爲「實」，反之爲「虛」；有備爲實，無備爲「虛」；休整良好爲「實」，疲敝鬆懈爲「虛」。此處含有以強擊弱、以實擊虛的意思。

以正合，以奇勝：合，交戰、合戰。此句意即以正兵合戰，以奇兵制勝。

無窮如天地，不竭如江海：喻正奇之變化有如宇宙萬物之變化無窮，江河水流之不竭盡。

死而復生，四時是也：去而復來，如春、夏、秋、冬四季的更替。

聲不過五：聲，即音樂之最基本的音階，即宮、商、角、徵、羽五音，故此言聲不過五。

五音之變，不可勝聽：即宮、商、角、徵、羽五聲的變化，聽之不盡。變，變化；勝，盡、窮、窮盡之意。

五味：指甜、酸、苦、辣、鹹五種味道。

戰勢不過奇正：戰勢，指具體的兵力部署和作戰方式。本句意思是作戰方式歸根結底就是奇正的運用。

奇正相生：意爲奇正之間相互依存、轉化。

如循環之無端：循，順著。環，連環。無端，無始無終。意爲奇正之變化無始無終，永無盡頭。

孰能窮之：孰，誰、何者：窮，窮盡。之，指奇正相生變化。

激水之疾：激，湍急。疾，快、迅猛、急速。

漂石：漂，漂移。漂石即沖走石頭。

勢：這裡指事物態勢所形成的力量。

鷙鳥：鷙，兇猛的鳥，如鷹、雕、鷲之類。

毀折：毀傷、捕殺。這裡指捕擊鳥、兔之類動物。

節：節奏。指動作暴發得既迅捷、猛烈，又恰到好處。

勢如彍弩：弩弓張滿的意思。彍弩即張滿待發之弩。

發機：機，即弩牙，發機即引發弩機的機鈕，將弩箭突然射出。

紛紛紜紜：紛紛，紊亂無序；紜紜，眾多且亂。此句指旌旗雜亂的樣子。

鬥亂而不可亂：鬥亂，言於紛亂狀態中指揮作戰。不可亂，做到有序不亂。

渾渾沌沌：混亂迷濛不清的樣子。

形圓而不可敗也：指擺成圓陣，首尾連貫，與敵作戰應付自如，不致失敗。

亂生於治：示敵混亂，是由於有嚴整的組織。另一說：混亂產生於嚴整之中。

弱生於強：示敵弱小，是由於本身擁有強大的兵力。另一說：弱可以由強產生。

治亂，數也：數，即前言之「分數」，指軍隊的組織編制。意爲軍隊的治或亂，決定於組織編制是否有序。

動敵：調動敵人。

形之：形，示形、示敵以形。指用假象迷惑、欺騙敵人，使其判斷失誤。

以卒待之：用重兵伺機破敵。卒，士卒，此處可理解爲伏兵、重兵。

求之於勢，不責於人：責，求。此句的意思是應當追求有利的作戰態勢，而不是苛求下屬。

擇人而任勢：擇，選擇。任，任用、利用、掌握、駕馭的意思。

其戰人也：指揮士卒作戰。與前《軍形篇》中之「戰民」義同。

木石之性：木石的特性。性，性質、特性。

安：安穩，這裡指平坦的地勢。

危：高峻、危險，此處指地勢高峻陡峭。

勢：是指在「形」的基礎上，發揮將帥的主觀作用，造成的有利作戰態勢。

【譯文】

孫子說：通常而言，管理大部隊如同管理小部隊一樣，這屬於軍隊的組織編制問題；指揮大部隊作戰如同指揮小部隊作戰一樣，這屬於指揮號令的問題。整個部隊遭到敵人的進攻而沒有潰敗，這屬於「奇正」的戰術變化問題；對敵軍所實施的打擊，如同以石擊卵一樣，這屬於「避實就虛」原則的正確運用。

一般的作戰，總是以「正兵」合戰，用「奇兵」取勝。所以，善於出奇制勝的人，戰法的變化如天地運行那樣變化無窮，像江河那樣奔流不息。周而復始，就像日月的運行；去而復來，如同四季的更替。

樂音的基本音階不過五個，然而五個音階的變化，卻是不可盡聽。顏色，不過五種色素，然而五色的變化，卻是不可盡觀。滋味不過五樣，然而五味的變化，卻是不可盡嘗。作戰的方式方法不過「奇」、「正」兩種，可是「奇」、「正」的變化，卻永遠未可窮盡。「奇」、「正」之間的相互轉化，就像順著圓環旋繞，無始無終，又有誰能夠窮盡呢？

湍急的流水迅猛地奔流，以致能夠把巨石沖走，這是因爲它的流速飛快形成的「勢」；鷙鳥迅飛猛擊，能捕殺鳥雀，這是由於短促快捷的「節」。因此，善於指揮作戰的人，所造成的態勢險峻逼人，進攻的節奏短促有力。險峻的態勢就像張滿的弓弩，迅疾的節奏猶似擊發弩機把箭瞬間射出。

戰旗紛亂，人馬混雜，在混亂之中作戰要使軍隊整齊不亂。在兵如潮湧、渾沌不清的情況下戰鬥，要佈陣周密，保持態勢而不致失敗。向敵人詐示混亂，必須己方組織編制嚴整；向敵人詐示怯懦，必須己方具備勇敢的素質；向敵人詐示弱小，必須己方擁有強大的兵力。

嚴整或者混亂，是由組織編制的好壞決定的。勇敢或怯儒，是由作戰態勢的優劣造成的。強大或者弱小，是由雙方實力大小的對比所顯現的。所以，善於調動敵人的將帥，偽裝假象迷惑敵人，敵人便會受到調動；用小利引誘敵人，敵人就會前來爭奪。用這樣的辦法積極調動敵人，再預備重兵伺機掩擊。

善於用兵打仗的人，總是努力創造有利的態勢，而不對部屬苛求責備，所以能夠選擇人才去利用和創造有利的態勢。

善於利用態勢的人指揮軍隊作戰，就如同滾動木頭、石頭一般。木頭和石頭的特性是，置放在平坦安穩之處是靜止的，置放在險峻陡峭之處就會滾動。方形物體容易靜止，圓形物體則滾動靈活。所以，善於指揮作戰的人營造有利的態勢，就像將圓石從萬丈高山上推滾下來那樣，這就是所謂的「勢」。

【第1章】

分數、形名、奇正、虛實

孫子提出了四個範疇：「分數」、「形名」、「奇正」、「虛實」，認為要取得作戰勝利，首先軍隊要有嚴密的組織體系，其次要有嚴正整齊、訓練有素、善於機動的合理兵陣，再次要有精通戰術變化的將領指揮作戰，最後是正確地選擇主攻方向。

息侯引色狼入室

楚王見息夫人果然國色天香，不禁怦然心動，第二天假意請息侯飲酒，在酒桌上把他擒住，然後率領親隨進入宮中尋找息媯。息侯引狼入室，自受其害。

春秋時期，蔡侯與息侯分別娶陳侯的兩個女兒爲妻。息侯的夫人媯氏長得十分艷麗，令姐夫蔡侯垂涎三尺。有一次，息夫人要回娘家陳國，途經蔡國，蔡侯大獻殷勤，對小姨動手動腳，嚇得息夫人趕緊離開。

息夫人回到息國後，把蔡侯調戲自己的事情如實告訴息侯，息侯大怒，決心懲治蔡侯一番。

息國和蔡國雖然是連襟之國，但息侯臣服於南方的大國楚國，蔡國則與東方的大國齊國交好。息侯派了一個使者對楚王說：「蔡侯自恃與齊國密切，不把大王看在眼裡，還挑撥息國與大王的關係，大王何不懲罰蔡國一下？」

楚王很生氣，但擔心齊國會出兵，使者獻計道：「我們息王與蔡侯是連襟，大王假意向息國用兵，蔡侯一定會來援救，到那時，我們聯合一起，還怕蔡侯能飛上天去嗎？」

楚王照著息國使者的計策用兵，果然將蔡侯活捉。蔡侯成爲楚國的戰俘，在楚營中，發現息侯正在犒賞楚軍，方才知道是中了連襟的詭計，被他出賣了。

楚王本想把蔡侯帶回楚國殺掉，但大臣鬻拳力陳利害關係，勸說楚王放蔡侯回國。楚王醒悟過來，設宴給蔡侯壓驚。酒宴上，楚王爲了炫耀，故意指著一位美麗絕倫的女子對蔡侯說：「這樣漂亮的女子，天下能有幾人？」

蔡侯想起息侯陷害之仇，便說：「她哪能和息夫人比呢？大王如果見到息侯的夫人息嬀，就再也不會想別的女人了。」

楚王放掉蔡侯後，想起他的話，便假借打獵之名，到了息國。息侯見楚王來臨，趕緊把他請進城中設宴款待。楚王道：「我爲你興師動衆，擒住蔡侯，今日遠道而來，請尊夫人爲我斟杯賀酒如何？」

息侯大驚失色，但又不敢違抗，只好喚夫人出來給楚王斟酒。

楚王見息夫人果然國色天香，不禁怦然心動。第二天假意請息侯飲酒，在酒桌上把息侯擒住，然後，率領親隨進入宮中尋找息嬀。

息嬀慌忙逃入後園，企圖投井而死，一名楚將奔上前，勸道：「夫人一死不難，難道就不想保全息侯的生命嗎？」

息嬀一聽，淚下如雨，癱倒在地。

楚王得到息嬀，饒了息侯一死。

息侯引狼入室，自受其害。

岳飛利用地形收復襄陽

岳飛順利地收復了襄陽城，又乘勝收復了鄧州等五郡，被宋高宗提升為清遠軍節度使。佔據有利地形，充分利用襄陽地勢，正是岳飛大勝的關鍵。

南宋紹興年間，岳飛奉命去收復被金人的傀儡政權——偽齊佔領的襄陽、鄧州等六郡。

襄陽左臨襄江，據險可以堅守；右面則是一馬平川的曠野，正是廝殺的戰場。然而，駐守襄陽的偽齊守將李成有勇無謀，卻把騎兵佈防在江邊，命令步兵駐紮在平地上。

岳飛瞭解了李成的佈防情況後，破敵之計成竹胸。他命令部將王貴：「江邊亂石林立，道路狹窄，正是步兵的用武之地，你可利用江邊的地形，率領步兵，用長槍攻擊李成的騎兵。」接著，又命令部將牛皋：「敵人步兵列陣於平野，你率騎兵衝擊敵步兵，不獲全勝不得收兵！」

兩名部將領命而去。

戰鬥開始後，王貴率步兵衝入李成江岸的騎兵隊伍中，長長的利槍直往戰馬的腹部刺去，一匹匹戰馬應槍而倒。江邊道路難行，前面的戰馬倒斃後，後面的戰馬無路可走，也紛紛跌倒，許多戰馬被迫跳入水中，李成的騎兵很快就失去戰鬥力。

牛皋是員猛將，率領鐵騎閃電般地向李成的步兵發起衝擊。李成的步兵毫無招架之力，紛紛喪命鐵蹄之下，轉瞬之間，步兵隊伍全線崩潰。

李成眼看著自己的隊伍土崩瓦解，立即調轉馬頭，棄城而去，岳飛順利地收復了襄陽城。

此後，岳飛又乘勝收復了郢州等五郡，被宋高宗提升爲清遠軍節度使。佔據有利地形，充分利用襄陽地勢，正是岳飛大勝的關鍵。

何應欽與蔣介石明爭暗鬥

蔣介石在需要時，可以把何應欽推到高位，不需要時，則可以把何應欽貶入「冷宮」。相對的，何應欽既沒有自知之明，又不能認清時勢。

何應欽與蔣介石共事五十餘年，兩人的合作始於黃埔陸軍軍官學校，蔣介石任校長，何應欽是少將總教官。

黃埔軍第一次東征時，軍閥陳炯明以二萬人馬包圍黃埔軍指揮部。何應欽指揮教導一團與十倍的敵人浴血奮戰，力挽狂瀾，救了黃埔軍，也救了蔣介石。此後，何應欽在北伐戰爭中屢立戰功，甚得蔣介石器重，成了「一人之下，萬人之上」的特殊人物。

何應欽聲望日高，權力日增，逐漸產生了取代蔣介石的念頭。北伐軍進逼徐州市，蔣介石親自指揮，一敗塗地，桂系軍閥乘機掀起倒蔣之風。關鍵時刻，何應欽竟說：「蔣介石走了，很好。」

蔣介石對此大爲惱火，復職之後，立即解除何應欽的軍權，只給了他一個「參謀長」之職。

何應欽被剝奪軍權，自然一肚子怒火，但他卻並沒有從中汲取教訓，正確地認識自己，正確地認識蔣介石。蔣介石在北伐戰爭之前有孫文支持，孫文去世後，蔣介石羽翼已豐，勢力根深柢固，至於何應欽，不過是「孤家寡人」，根本不足以與蔣介石抗衡。

一九三六年「西安事變」爆發，張學良、楊虎城用武力拘捕了蔣介石等幾十名軍政要員，國民黨政府一片混亂，一派主張和平解決，一派堅決主張武力討伐張、楊。武力討伐，很可能會導致張、楊處決蔣介石。此時，擔任參謀長的何應欽立於舉足輕重的地位，但他再次錯誤地估計了形勢，欲置蔣介石於死地，極力鼓吹「武力討伐」。

「西安事變」最終「和平」落幕，蔣介石對何應欽恨之入骨，回到南京後，任命自己的嫡系陳誠爲參謀長，將何應欽打入「冷宮」。

國共戰爭爆發後，陳誠一敗再敗，蔣介石捉襟見肘，再次把何應欽推上國防部長的位置。但是，天下大勢已定，國民黨軍從上層將領到下層士兵士氣喪盡，何應欽回天乏力，蔣介石被迫第三次「下野」。

這時候，桂系首腦又一次找到何應欽，企圖借助何應欽在黃埔派的影響，控制蔣介石剩餘的軍事力量。何應欽鑑於二十多年的失敗教訓，婉拒桂系的要求，並追隨蔣介石逃往台灣，在台灣以「元老」的身份，平平安安地度過二十多個春秋。

蔣介石曾激憤地對人說：「沒有我蔣中正，絕不會有何應欽！」一言道破了兩人各自所處的地位。

正是基於此，蔣介石在需要時，可以把何應欽推到「一人之下，萬人之上」的高位，不需要時，則可以把何應欽貶入「冷宮」。相對的，何應欽既沒有自知之明，又不能認清時勢，一再作繭自縛。

希特勒的要命錯誤

希特勒意識到了自己的錯誤，但為時已晚，三十四萬盟軍順利退回到英國本土，後來又從英國本土殺了出來，一次又一次地對德軍造成重創。

希特勒挑起第二次世界大戰後，以迅雷不及掩耳之勢取得了一系列的勝利。一九四〇年五月二十四日，擔任西線主攻任務的德軍部隊分別攻佔布倫、包圍加萊兩個主要港口，進到格臘夫林，距離敦克爾克只剩下二十英里，英法盟軍的四十個師三十四萬人被包圍在彈丸之地敦克爾克。

盟軍三面受敵，一面臨海，隨時都會遭到德軍毀滅性的攻擊，令人疑惑的是，就在這千鈞一髮之刻，二十四日這一天，希特勒連續簽發了七個秘密手令，命令停止進攻敦克爾克。

德軍將領古德里安眼巴巴地望著大海，感到大惑不解。眼前是亂哄哄、猶如熱鍋上螞蟻的英法官兵，只要一聲令下，他的坦克部隊就會把他們「推」入大海。

後來的軍事評論家們也都對此感到迷惑。

根據史料的記載，停止進攻的命令是納粹最高統帥部的倫斯特將軍和戈林鼓動的，由希特勒親自簽發。

後人評論說，這是希特勒一生的軍事指揮中犯下的最大錯誤。

兩天以後，敦克爾克的三十四萬大軍已經登上運輸艦船，向英國本土撤退了。

希特勒意識到了自己的錯誤，命令古德里安和其他的德國部隊發起攻擊！

但爲時已晚，三十四萬盟軍順利退回到英國本土，後來又從英國本土殺了出來，一次又一次地對德軍造成重創。

到底是什麼原因使希特勒下達停止攻擊敦克爾克的命令呢？也許，除了希特勒本人，再無第二個人知道了。

晏子二桃殺三士

除掉三個權臣，晏嬰從此可以放開手腳，大膽地治理國家了。晏嬰以可有可無的桃子設計，使田開疆三人自殺，可說是經典之作。

齊景公即位之時，齊國的國力已大不如前。對外，齊景公面對趙、燕等國的「蠶食」束手無策；對內，一些權臣不把國君放在眼中，特別是公孫捷、田開疆、古冶子三人，自恃有功，橫行無忌。

爲了尋回昔日榮耀，齊景公重用賢臣晏嬰，力圖使齊國振興。

晏嬰上任後，決心除掉公孫捷、田開疆、古冶子三個「害群之馬」，整肅國紀國法。公孫捷三人有一身奇勇，派人去抓，顯然行不通，派刺客行刺也不成。晏嬰想來想去，覺得唯一可行的辦法是用「計」。

某天，齊景公設盛宴款待文武大臣。酒過三巡之後，文臣武將們都帶了幾分醉意，晏嬰命令一名侍女用大盤子端著兩個碩大的桃子走到眾人面前，傳話說：「誰能說明自己是天下最有名的勇士，誰就可以吃掉一枚桃子。」

公孫捷覺得這是表現自己的好時機，立刻站了起來說：「我能接連和兩隻猛獸搏鬥，把牠們打死。像我這樣的勇力，天下沒有第二個，我是天下最有名的勇士，我可以吃掉一枚桃子！」

說完，公孫捷向四周看看，見無人反對，伸手拿走一枚桃子。

接著，古冶子離開酒桌，站起來說：「我曾經冒著生命危險，在黃河的驚濤駭浪中浮沉九里，斬妖龜之頭，保護國君平安地渡過黃河。當時，見到我的人都說我是河神，像我這樣神勇，難道稱不上是天下最有名的勇士嗎？」

古冶子說完，也向四周看看，見無人反對，伸手拿走了剩下的一枚桃子。

田開疆急了，走到眾人面前，憤慨地說：「我在跟敵人的戰爭中，曾經多次衝入敵陣，砍殺敵將，奪取戰車和大纛。攻打徐國之時，我俘虜了五百多人，逼迫徐國納款投降，威震鄰國，爲國家立下汗馬功勞。我立下這麼大的功勞，難道還不足以分到一顆桃子嗎？」

晏嬰急忙走出來，對齊景公說：「田將軍的功勞和勇氣天下皆知，可惜桃子已沒有了，可否請大王賜一杯美酒，待桃子再熟時，補賜給田將軍如何？」

田開疆怒火攻心，說道：「打虎殺龜，固然有勇有功，但我爲國家立下如此赫赫戰功，反而遭到冷落，爲人恥笑，以後還有何面目見人！」說完，拔劍自刎。

公孫捷見狀，面紅耳赤道：「我功勞不如田將軍，反拿了桃子，致使田將軍自刎，我哪有臉活在世上？」說完，也拔劍自殺。

古冶子跳了起來，悲憤地說：「我們三人是結拜兄弟，誓同生死，如今我也不能活了！」說完，也自刎而死。

齊景公見齊國一下子失去了三位勇士，心中有些惋惜，下令用士大夫之禮厚葬了這三個人。除掉三個權臣，晏嬰從此可以放開手腳，大膽地治理國家了。

晏嬰以可有可無的桃子設計，使田開疆三人自殺，可說是經典之作。

引導和暗示才是最好的推銷

引導和暗示是顧客被說服的前提，通過引導與暗示，才能反客為主，如願以償。說明了利用暗示推銷的方法，讓事實說話才是最有說服力的。

有一天，一名美國畫商在某家畫廊看中了印度人帶來的三幅畫，印度人出價二百五十美元，畫商不同意，談判陷入僵局。

印度人盛怒之下，斷然把其中一幅畫燒了。畫商感到惋惜，便問印度人剩下的兩幅畫願意賣多少錢。

回答還是二百五十美元，畫商又一次拒絕了。印度人並不著急，又不慌不忙地燒掉了其中一幅。至此，畫商只好乞求千萬別燒最後一幅，並問印度人剩下的一幅畫願賣多少。

回答仍是二百五十美元，畫商反問說：「三幅畫與一幅畫的價錢能一樣嗎？」

那位印度人毫不猶豫地把這幅畫的賣價提高，最後竟以五百美元的價格成交。

當時，其他畫作的價格都在一百到一百五十美元之間，以印度人這幅畫的賣價最高。印度人之所以採用燒掉兩幅以吸引那位美國畫商的策略，是因爲他清楚自己賣的三幅畫均出自名家之手，燒掉了兩幅，剩下了一幅，表面上看，印度人似乎虧本，但是物以稀爲貴，實際上剩下的一幅畫的價格遠遠超出了其他的畫，一幅的價錢可以値幾幅。

另外，這位印度人還瞭解美國人有個習慣，喜歡收集古董、珍藏名畫，只要愛上了這幅畫，絕對不肯輕易放棄，寧肯出高價也要買下珍藏。聰明的印度人施展的這一招果然很靈，一筆成功的生意唾手而得。

從事空調銷售的推銷員派特，經過幾個月不辭辛苦的努力，終於談妥一套供四十層大樓使用的空調系統。但能否成交，最後還得由買方的董事會決定，這種情勢令派特有些不安。

有一天，董事會請他將推銷的空調系統介紹一下。派特受到了禮貌但不熱情的接待，可以看出幾位董事對購買空調系統興趣不大。接著，他們提出了一大堆尖銳而又難以回答的問題。

派特面對劈頭而來的問題，嘗試著耐心回答，但接連不斷的問題使他不由得緊張起來，幾乎亂了陣腳。忽然，他心生一計，說道：「今天天氣很熱，請允許我脫掉外衣，好嗎？」派特邊說邊掏出手帕，拭了拭前額。

好像受到感染，幾位董事也跟著脫了外衣，有的還抱怨說：「這裡面眞熱。」

派特的這一招果然奏效，考慮到自己的舒適，董事們覺得應該購買空調。於是，他們不再質問，而是請派特介紹產品的性能並認眞傾聽。二十分鐘後，這樁生意拍板成交。

引導和暗示是顧客被說服的前提，通過引導與暗示，才能反客爲主，如願以償。

以上這兩個案例都利用了暗示推銷的方法，效果顯著，說明了讓事實說話才是最有說服力的。

誠信是企業的生命

就在霍金斯幾近傾家蕩產之時，名聲卻家喻戶曉，並得到政府和社會的支援，他的公司的產品一下成了人們用得安心的熱門貨，供不應求。

在傳統觀念中，一般人很忌諱「家醜外揚」，販售商品、經營企業更是如此。「老王賣瓜，自賣自誇」，絕大部分經營者都會宣傳自己的產品如何如何好，但吹噓的話說多了，人們便感到厭煩，甚至出現懷疑和不信任感。

「家醜外揚」與「自賣自誇」恰恰相反，經營者設身處地站在消費者的立場，披露產品存在的問題，以誠待客，以心換心，在消費者心目中樹立誠實企業的形象，以此換來顧客對產品的信任的青睞，擴大市場佔有率。

美國亨利食品加工工業公司總經理亨利·霍金斯從商品化驗鑑定報告單發現，他們生產的產品在食品配方中，爲了保鮮而使用的添加劑有毒。雖然毒性不大，但長期食用對身體有害。

他知道，其他食品公司也使用這種添加劑。他也明白，如果從維護公衆利益的角度出發，把此事公諸於衆，一定會引起同行們的強烈撻伐，他們也一定會聯合起來整治他，公司肯定會受到很大損失。

但相對的，與這些同行的鬥爭中，公司的知名度肯定會大大提高，同時也會得到公衆的支援，有利於公司的發展和長遠利益。

於是，霍金斯在新聞發佈會上毅然向社會宣佈：防腐劑有毒，對身體有害。

公衆爲之震動，讚譽他的誠實。可是，這一舉動得罪了從事食品加工的老闆們，他們聯合起來，用一切手段對亨利進行攻擊，指責他別有用心，想破壞別人的生意。他們還共同抵制亨利公司的產品，使亨利公司瀕臨倒閉的邊緣。

就在亨利·霍金斯幾近傾家蕩產之時，名聲卻家喻戶曉，並得到了政府和社會的支援，他的公司的產品一下成了人們用得安心的熱門貨，供不應求。瀕臨破產的亨利公司，在很短時間內就恢復了元氣，經營規模比以前最興旺時還擴大了兩倍，後來一度成爲美國食品加工業中最大的公司。

在商場上，無信不立，誠信是企業的生命，它代表著產品的品質、企業的形象。生意場上靠的是信譽，知名度是靠信譽贏得的，堅持誠信，方能制勝。

名為慈善，實為發展

杜邦不遺餘力為自己的企業形象進行美化，說明了企業形象是企業的靈魂，沒有靈魂的企業將會被商海大潮吞沒。

戰爭給人類帶來了巨大的災難，卻給杜邦家族帶來了數不清的財富。十九世紀以來一百多年裡，杜邦家族積累了巨額的財富，也引起了一連串的罵名，有人說杜邦可能是美國人最痛恨的名字。

企業沒有良好的形象，很難繼續發展下去。尤其像杜邦這樣與「暴力」、「死亡」相聯繫的企業，更需要重新塑造自己的形象。

杜邦家族採用了一切辦法，積極美化企業形象。一九三六年九月，傑西建立了從事慈善事業的機構尼莫爾基金。兩年後，一家三層樓的醫院在尼莫爾莊園的二十二英畝空地上破土動工。從此，該院馳名於世界，爲殘疾兒童免費治療各種病例達五十萬人次。

創辦這所醫院與每年捐贈經費給學院、大學，以及成立斯特羅姆、瑟蒙德基金會一樣，都展現了杜邦財團慈善的一面。

爲了建立本身的慈善形象，杜邦的宣傳對象主要有：雇員、顧客、股東、供應廠商、企業協會、工廠所在的城鎮，以及作家、新聞廣播電視工作人員、大學知識份子、政府官員。

以上這些人員或多或少都對杜邦有所瞭解，集中在他們身上大做宣傳，所引起的「公衆」效應，可望從微波變成巨浪。

杜邦公司認爲：「在幾百萬人的心中造成了一個新的印象，它爲我們找到了新的立足點。」

杜邦公司在新聞宣傳方面，花錢一點也不心痛，公司的形象也有了很顯著的變化。原本八十%以上的民衆對於軍火製造商杜邦明顯沒有好感。經過幾十年的精心設計，杜邦的「死亡販賣商」形象明顯被淡忘，代之而起的是笑容可掬的化學家、工業家。

皮埃爾還在杜邦家族開創了一個良好的傳統，成立了專門的家族基金會，向美國教育事業提供捐款。杜邦家族給學校捐款的目的很單純，那就是讓孩子們從小就形成一種印象；杜邦是一個很友善的名字，是一家充滿正面能量的企業。

杜邦不遺餘力爲自己的企業形象進行美化，說明了企業形象是企業的靈魂，沒有靈魂的企業將會被商海大潮吞沒。

【第2章】

奇正相生

《孫子兵法》用人們日常熟悉的聲、色、味的調和變化作比喻，強調指揮作戰的將領必須掌握「奇正相生」的原則，善於出奇制勝，善於採用靈活多變的戰略戰術。

鄭成功轉弊為利

地利是否是「利」，主要看將領怎麼利用，有時候，惡劣的地勢能夠妥善利用，也能出敵不意，化腐朽為神奇。

鄭成功能夠收復台灣，關鍵一著是敢走險棋。

一六六一年三月，他率領水陸戰士三萬餘人、大小戰船百餘艘，從廈門附近的料羅灣出發，穿過台灣海峽，到達澎湖列島。稍事停留，正想繼續進軍時，天公不作美，風狂雨驟，波浪洶湧，三天不止。

鄭成功水軍帶的糧食不多，經不起中途多耽擱。面對這樣惡劣天氣，究竟該繼續前行，還是等待雨停？

望著滿天陰霾，滾滾波濤，鄭成功決心不再停留，下令船艦向台灣進軍。這時上路，雖然狂風巨浪無情，有可能翻船葬身海底，但是，這種天氣逼進台灣也是侵略者荷蘭守軍意想不到的。

三月三十日夜晚，鄭成功下令開船。風雨中，將士們同舟共濟，拼盡全力，經過一夜拼搏，於第二天拂曉到達台灣南端的外沙線及鹿耳門附近。

接下來的問題是，登陸後走哪條道？

從鹿耳門登陸有南北兩條航道。南面的航道水深，登陸方便，但敵方築有炮台，不易攻破；北面的航道水淺，行船困難，而且容易觸礁，造成船毀人亡，但是那邊敵人沒有什麼防備。

權衡利弊，鄭成功決定走北面航道，給敵人出其不意的打擊。他下令換乘小船，在淺海區前進，一接近岸邊，第一個跳下船，踏上了台灣島。他身先士卒的表率行爲，使得將士們個個奮勇爭先，踏過灘頭，躍上岸邊，最後終於收復台灣。

其實，地利是否是「利」，主要看將領怎麼利用，有時候，惡劣的地勢能夠妥善利用，也能出敵不意，化腐朽爲神奇。

冰牆阻殺逃敵

一夜之間，十里長的冰牆宛如一條堅不可破的銀帶橫在河岸。兵無常勢，水無常形，戰場上瞬息萬變，善戰者必善於借助一切有利條件為自己所用。

明洪武十八年冬天，明軍佔據遼東。負隅頑抗的納哈出率兵進犯金州，一時間兵荒馬亂，雞犬不寧。明太祖朱元璋聞訊，命令葉旺、馬雲二將軍爲都指揮使，率部隊前往金州增援。

葉、馬帶援軍馬不停蹄地趕到時，得知進犯的敵人已被英勇的守軍擊退。

「不能讓這股敵人逃回遼東！」二人不約而同地說道。

他們研究了敵人逃跑的路線，發現蓋城南方十里的柞河是敵人敗逃的必經之路，一個築冰牆阻逃敵的計劃遂形成了。

他們是怎麼樣阻擋逃敵的呢？

葉旺、馬雲二人帶著部下先至柞河邊，連日刨冰挖河，沿河將連雲島到窟駝寨的十餘里長地帶疊成一道冰牆後，澆上河水。

冬日的北方，天寒地冷，滴水成冰，一夜之間，十里長的冰牆宛如一條堅不可破的銀帶橫在河岸。

冰牆屏障做好，葉旺將部隊分成兩部分，在冰牆兩端挖掘大片陷阱，井中佈滿鋒利的釘板，在敵人的退路上設下了天羅地網。一切準備完畢，他命令部隊埋伏在敵人必經之路上，只等冰牆陷阱發揮威力後，衝上前去收拾殘局。

納哈出帶著敗兵殘將，慌慌忙忙如驚弓之鳥，來到河邊，忽然看見眼前一道銀光，一望無邊的冰牆橫在眼前。

前有屏障，後有追兵，亂成一團的納哈出士兵們別無選擇，只好匆匆忙忙奔向冰牆兩端，試圖繞道而過。豈料，這正中了明軍的埋伏，跌入早已爲他們準備好的陷阱中。

一片慘叫聲還沒斷，葉旺、馬雲又帶人馬從兩邊殺來。納哈出見狀，只得拋棄人馬，隻身逃了出去。

明將葉旺、馬雲取得了這次殲敵的徹底勝利。

古語有云：兵無常勢，水無常形，戰場上瞬息萬變，善戰者必善於借助一切有利條件爲自己所用。

盛彥師巧借地利除李密

盛彥師發起攻擊，殺了李密和王伯當，把首級送到長安。盛彥師因功被封為葛國公，仍然鎮守熊州。

西元六一八年，瓦崗寨領袖李密與王世充交戰失敗，投降李唐王朝，但對於朝廷所給待遇十分不滿，因此又圖謀反唐。十一月，唐高祖李淵派李密前去招降尚未歸附的餘部，於是李密乘機起兵。

十二月三十日，李密來到桃林縣，騙縣官說：「我奉旨暫離京師，請求將家眷留居縣衙。」

接著，李密挑選八十名勇士，身著女裝，戴著面紗，把刀藏在裙子下面，假充妻妾，帶著他們進入縣衙，隨即發難佔據縣城。

掠奪了武器和物資後，李密驅趕百姓直奔南山，憑藉險要向東行進，並派人告訴舊部伊州刺史張善相，命令他派兵接應。

右翊衛將軍史萬寶鎮守熊州，對行軍總管盛彥師說：「李密是個驍賊，又有王伯當輔佐，現在反叛，幾乎不可抵禦。」

盛彥師笑著說：「不用擔心，只需幾千兵馬，就能砍下李密首級。」

史萬寶說：「您有什麼辦法嗎？」

盛彥師說：「兵法強調虛虛實實，現在還不能對您說。」

盛彥師率兵越過熊耳山，佔據山南要道，命令弓劍手埋伏在道路兩旁的高處，手持兵器的士卒埋伏在溪谷，部署完畢後，下令說：「等賊兵半數過河後，立刻發起攻擊。」

有屬下疑惑地問：「聽說李密要去洛州，您卻進熊耳山，爲什麼？」

盛彥師說：「李密揚言去洛州，其實是聲東擊西，想出人不意，去襄城投奔張善相，如果賊兵進了谷口，我們從後面追擊，山路險隘，兵力無法施展，賊軍一人殿後，我們就不能制敵。現在我們搶先進谷，肯定能捉住他們。」

李密過了陝州，以爲其餘的地方都不足爲慮，於是牽兵緩緩行進，果然穿越熊耳山，從南面出山。

盛彥師立即發起攻擊，使李密部衆首尾斷絕聯繫，不能互相救援，最後殺了李密和王伯當，把首級送到長安。

盛彥師因功被封爲葛國公，仍然鎮守熊州。

所謂因形制敵，是指搶在敵人之前佔據有利地形，然後相機而動，殲滅敵人。盛彥師識破了李密聲東擊西之計，利用地形設下埋伏，順利斬殺了試圖反叛的李密，正是最佳示範。

劉錡毒水破金兵

兵家講究的是隨勢而變，地形地貌改變了，戰術打法也應該改變，充分利用有利地形，才能提高勝利的機率。

西元一一四〇年，金軍統帥兀朮率大軍南犯。得知先頭部隊在順昌屢次被宋將所挫時，兀朮大爲惱火，親自率領十萬精兵向順昌進發，揚言要把順昌踏爲平地。

劉錡得知兀朮兵進順昌的消息，便想利用金兀朮的狂妄輕敵，設計進行打擊。於是，劉錡派人給金兀朮下了一道戰書：「如果你敢率軍過潁河與我交戰，我願爲你架設五座橋，迎接你過河。」

兀朮看罷戰書，怒髮衝冠，立即給劉錡回書，答應來日渡河應戰。

按兵家規律，守衛的一方隔河相恃是很有利的，但劉錡卻反其道而行，棄己之長，這是什麼緣故呢？

兀朮回書的第二天，劉錡果然如約在潁河上架起了五座浮橋，同時又派人在潁河上游和金軍作戰的地方撒放毒藥。

金軍過河後即擺開陣勢，準備決一死戰。劉錡卻高壘深溝，拒不出戰。剛剛遠道趕來準備戰鬥的金兵後續部隊，早已疲憊不堪，但又不敢卸下盔甲休息。當時烈日炎炎，天氣酷熱，金兵人馬饑渴，爭相去潁河喝水，馬匹往河邊吃草，結果俱因中毒困乏不支，到了交戰時已都精疲力竭。

劉錡見時機已到，即派出幾百人馬從西門突然衝出，殺向金兵。當金軍的注意力在西門時，從南門又殺出數千宋軍。

金兵措手不及，顧此失彼，死傷慘重。

金軍統帥兀朮屢遭宋軍痛擊，卻硬不認輸，並拉出王牌軍——「鐵浮圖」、「拐子馬」，親自出陣督戰。可是，王牌軍也中了毒，戰鬥力大減，加上劉錡發明了剋制金兵王牌軍的武器，結果金兵上陣後一敗塗地。金兀朮自知難以挽救敗局，只得撤軍而去。

兵家講究的是隨勢而變，地形地貌改變了，戰術打法也應該改變，充分利用有利地形，或周圍戰場環境，給敵人設置更大的障礙，才能提高勝利的機率。

梅蘭芳名揚上海

丹桂大戲院的老闆用奇特的方式把梅蘭芳介紹給上海人，以設置懸念而達到自己的目的，正是出奇制勝之道。

梅派京劇藝術的創始人梅蘭芳在北京唱戲，紅透了京城，上海丹桂戲院的老闆覺得，要是把梅蘭芳請到上海來表演，讓上海人一睹梅蘭芳的「芳」容，一聽梅蘭芳的金嗓，自己絕不會吃虧。

老闆向梅蘭芳發出了邀請，梅蘭芳欣然應允。這時候，戲院老闆突然想起上海人對梅蘭芳幾乎一無所知，爲了拉提票房，開始苦思良策。

幾天後，上海一家大報紙頭版的整個版面僅有三個大字：「梅蘭芳」，而且一連三天都是這樣。

一石激起千層浪，上海民眾被這三個字吸引住了。「梅蘭芳是誰？為什麼要登這麼大的廣告？」

人們議論紛紛，大街小巷、酒樓茶館，到處都聽到有人在議論。登廣告的那家報館更是忙得不亦樂乎，詢問電話一通接著一通，不少人還登門造訪，但報館的答覆是：「無可奉告！」

人們把目光再一次聚集到報紙上。果然，到了第四天，頭版版面「梅蘭芳」三個大字下面出現了幾行小字「京劇名旦，假座丹桂第一大戲院演出〈彩樓配〉、〈玉堂春〉、〈武家坡〉」。

三天來的疑團解開了，上海民眾爭先恐後地湧至丹桂大戲院，想看看這位京劇名旦。首場演出爆滿，梅蘭芳的高超演技令上海人稱絕！此後，丹桂戲院場場爆滿，梅蘭芳名揚上海，戲院老闆也樂得合不攏嘴。

丹桂大戲院的老闆用奇特方式把梅蘭芳介紹給上海人，以設置懸念而達到自己的目的，正是出奇制勝之道。

崤山伏擊戰

遇險設防，逢林莫入，關於戰場上地勢的運用一直是兵家講究的，在冷兵器時代，戰爭受地勢的制約更大，在戰場上對這項因素的考慮也應更充分。

春秋戰國時期，秦軍中了商人弦高設的「犒師計」後，繞路返回。先軫是晉國的中軍元帥，認爲秦國力量日趨強大，將成爲晉國稱霸的絆腳石，於是在秦軍撤退途中設下埋伏。

秦軍撤到澠池大約要在四個月之後，這是先軫早已預測好的。澠池是秦國與晉國的交界，有東西兩座崤山，相距三十五里，這是秦軍回國的必經之路。那裡地勢險峻、樹木叢生、道路崎嶇，是進行伏擊的好地方。

先軫經過周密思索，在這裡布下天羅地網：先且居引兵五千埋伏於崤山之左，胥嬰引兵五千埋伏於崤山之後，孤射姑引兵五千設伏於西崤山，梁弘和萊駒引兵五千藏伏於東崤山。

西元前六二七年，不出先軫所料，秦軍進入了伏擊圈。晉軍的戰術爲卡頭、斷尾、斬腰，秦軍隊伍被截成數段，分別圍困在上天梯、墮馬崖、絕命岩、落魄澗、鬼愁窟、斷雲峪等險要地帶。

當秦軍發現被困入埋伏圈時，已經欲進不能，欲退無路。正如先軫預料，如此天羅地網，秦軍插翅難飛。

就這樣，數萬名秦軍在此斷送了性命。

遇險設防，逢林莫入，關於戰場上地勢的運用一直是兵家講究的，在冷兵器時代，戰爭受地勢的制約更大，在戰場上對這項因素的考慮也應更充分。

靠技術、信譽佔領市場

華歌爾能夠佔領世界婦女內衣市場，成功之道有三條，正是堅守這三條成功之道，華歌爾產品仍備受青睞。

「華歌爾」是以生產女性內衣爲主的綜合性大型服裝企業，創業之初只有一百萬日元資本，十名員工。但短短八年，華歌爾就發展成爲擁有資金一億日元、二千四百員工的大型服裝公司，發展之迅速，令人驚奇。

縱觀華歌爾的發展，最突出的特點就是：積極開發新材質、新款式，不斷引進最先進的技術。

對於研究發展女性內衣的新材質、新款式和新技術，華歌爾公司向來不惜花費金錢和時間。

公司每年都要派遣專家到歐美國家考察研究最時髦流行的新款式，並在日本國內設有專門研究室，研究、設計日本和世界市場需求的新式樣內衣，這也是華歌爾的產品在市場上長盛不衰並獲得最佳信譽的原因之一。

華歌爾公司的女性內衣，從設計、製造到產品管理，全部都用電腦控制，新產品總是能達到預期的要求和目的。

公司擬設計的每一種新款式產品，必須遵循一定的嚴格的工作程式。首先選用各種不同年齡的女性作爲模特兒，用專業照相技術從各個不同的角度拍攝這些模特兒各個方面的體型，設計出人體的等高線圖，然後輸入電腦，根據編好的程式，完成最完善、最理想的設計圖和紙樣。

再根據各類女性的不同體型、尺寸和其他資料加以修訂，製成樣品，由各類體型的女性試穿，試驗新產品各方面的性能。然後，聽取每一個意見，不斷地加以改進，最終達到最舒適、最美觀、成本最低、符合市場需求的目的。至此，一個新款式才算正式完成。

所以，華歌爾公司開發研究新產品的實驗室，不但擁有許多一流的，根據用途專門設計製造的獨家設備，而且還不斷擴充技術實力。

不斷研究開發出適合女性的新款式的內衣，是華歌爾的追求。

華歌爾能夠佔領世界女性內衣市場，成功之道有三條：一是不斷引進新技術開發新款式，二是在技術上捨得花大錢，三是靠先進的電腦控制，實行嚴密科學的管理，保持產品的高品質。

正是堅守這三條成功之道，雖然隨著生活水準的提高，現代女性對自己穿用內衣的款式、品質越來越挑剔，華歌爾產品仍備受青睞。

【第3章】

出其不意，攻其不備

《孫子兵法》強調兵貴神速，出其不意，攻其不備。對戰之時，要隱蔽地接近敵人到最短距離，突然而猛烈地攻擊敵人。這種戰術原則，至今仍然可以作為各種競爭的借鑑。

故布疑陣，暗設奇兵

楚軍先用計堵住叛軍的退路，再出奇兵。在商戰中，也常常利用對手的輕敵之心，故布疑陣，實則施放冷箭，進而大獲全勝。

楚國令尹斗越椒因爲楚莊王削分了他的權力，便起兵謀反。

斗越椒有萬夫莫敵之勇，又善於弓射。他使用的箭比普通箭長一半，堅利非常，令楚軍個個咋舌。楚莊王見不可硬取，便設計詐敗，將斗越椒引到清河橋，待他一過，便拆橋斷了他的後路。

斗越椒見狀，下令隔河放箭。

這時，楚東伯軍中一名小軍官挺身而出，叫道：「河這麼寬，箭哪裡射得到？

不如咱倆比一比射箭，站在橋頭上各射三箭，生死由命！」

這個人就是精於射藝的養繇基，人稱「神箭養叔」。

這個「無名小卒」竟敢在「萬夫莫當」的斗越椒面前誇下海口！斗越椒根本不把這個無名小輩放在眼裡，要求先射三箭。

養叔毫不畏懼，滿口答應。

斗越椒見對方滿口答應，心想，我一箭便射死你。斗越椒射出一箭，被養叔用弓梢輕輕一撥便落入河中；第二箭被養叔身子一蹲便躲過了。斗越椒喊道：「不能躲閃！否則就不是大丈夫！」

養叔說：「好，這一箭一定不躲。」

第三箭射來時，養叔只將口一張，咬住箭鏃。

斗越椒有些著慌，虛張聲勢叫對方快射。

養叔大喊一聲：「看箭！」

斗越椒聽到弓響，往左一閃，誰知這是虛拽弓弦，並未放箭。養叔笑道：「箭還在我手上呢。你說過『躲閃的不算好漢』，爲何又躲？」說著，又虛拉一弓。

斗越椒又往右一閃。養叔趁他一閃，一箭射來，斗越椒躲閃不及，正中腦門，倒地而死。叛軍一見主帥中箭，四散奔走，逃的逃、降的降，這場謀反很快便被平定了。

楚軍先用計堵住叛軍的退路，再出奇兵，讓「無名小卒」跟對方將領比箭，實際上卻有著必勝的把握。叛軍首腦狂妄自大，最後被楚軍軍官擊敗射死，這就是故布疑陣、實設奇兵的謀略。在商戰中，也常常利用對手的輕敵之心，故布疑陣，實則施放冷箭，進而大獲全勝。

出奇制勝襲擊達沃港

《孫子兵法》強調：「正不如合，合不如奇」，是在戰場上出奇制勝是最重要的，消滅敵人有很多方法，能用最佳方案出敵之不意就是最好方法。

一九四二年六月二十五日夜，十二艘運輸船滿載美軍太平洋艦隊的軍用物資，沿著海上供應線，悄悄地駛向中途島。

不料，距離中途島還有一百海浬的時候，運輸船隊突然遭到日軍三十餘架飛機襲擊，一排排炸彈準確地投向船隊，頓時十二艘運輸船有的爆炸起火，有的徐徐沉入海底，無一逃生。

運輸船隊被日軍攻擊的報告送到了英美太平洋聯合艦隊，海軍上將司令賈斯特．尼米茲立即召集情報與作戰部門的參謀人員，商討面臨的局勢。

參謀長查理．肖爾中將首先進行情況彙報：「將軍，我們這支運輸船隊採取了嚴格的保密措施，日軍是如何獲得情報的呢？更奇怪的是，從去年十二月以來，我們的港口、艦隊、運輸隊，不斷地遭到日軍襲擊，目前已損失三百多艘運輸船、一艘航空母艦、四艘作戰艦艇，我們的海上供應線幾乎陷於癱瘓。」

根據情報部門的調查，日軍派出了幾十艘僞裝成漁船或商船的武裝間諜船，在太平洋海域活動。中途島海戰後，日軍大大失利，爲了挽回敗局，加緊了對美國海軍的諜報活動，將間諜船隊擴大到二百多艘。間諜船廣泛地搜集美國海軍的兵力部署、艦隊和運輸隊的航線、活動規律等情報，引導各類襲擊分隊進行騷擾、破壞。

尼米茲將軍打算怎麼消滅日軍間諜船呢？

英軍前線司令部收到一份敵佔區送來的情報：「在菲律賓的達沃港有一個日軍的間諜船基地。活動在太平洋海域的間諜船大都從這裡出發去搜集情報，完成任務後又返回這裡休整。港內經常保持二十艘左右待命出發的間諜船。」

情報轉到了尼米茲司令和肖爾參謀長手中，他們立即向英軍司令部下令：「速以特種部隊襲擊達沃港」。

這次擔負摧毀日軍間諜船作戰任務的十八名突擊隊員，是從八百名特種部隊中挑選出來的優秀隊員。經過十多天艱難的海上航行，菲律賓群島遙遙在望了。

七月六日深夜，載著十八名隊員的舊漁船從西南方向悄悄地接近棉蘭老島。待行至水深只有二米多的時候，突擊隊隊長約翰．克拉克輕聲下達了命令：「隱蔽漁輪，準備登陸偵察！」

隊員們迅速打開漁輪中下層外部通孔，海水猛然灌了進來，很快將船沉潛在海灘上。原來，這艘漁輪是經過改裝的「土潛艇」，分上下兩層，下層為貯水層，灌滿水後能將漁輪沉沒，完成隱蔽。準備撤離時，將下層的水排出，關閉通孔，就又漂浮起來。

這個港口面向西南，正面寬約八百米，縱深約一千米，港口四周設置了障礙，共有三層。內層是三列椿蛇腹型鐵絲網，鐵絲網上懸掛著許多爆炸物；外層是水雷帶，中層水上為帶有鋼筋混凝土角錐的斜木架，灘上有多列拒馬角錐體。港口西北側山腰上有三處岸炮陣地，港口外水面上巡邏艇往來行駛；港口內，中央靠後設有一個三層樓的中心指揮部，還有一座二層高的通信、警護樓，那些日軍間諜船都停靠在港口的左側，巡邏隊不時地逡巡周圍。

根據偵察到的情況，突擊隊經過仔細研究，決定分成水中、岸上兩個組同時行動。他們趁著太陽還沒有浮出海平面，迅速地找好潛伏位置，一動不動地趴在深草中、樹叢裡、自然坑裡。

夜幕降臨時分，港口內警護樓上的探照燈又亮了起來，港口外的海面上，巡邏艇開始夜行巡邏，港內日軍也不停地在間諜船停靠的碼頭周圍巡視。

約翰·克拉克率領的是A隊九名隊員，任務是從岸上潛入港內，伺機搗毀間諜船。潛入港內並不困難，那些障礙物不難對付，難就難在巡邏隊和間諜船上的值班員。據此，他們又研究了一個岸上襲擊方案。

他們沿著一條雨水沖刷形成的小溝，悄悄地向港口摸去。他們繞過炮兵陣地，很快來到第一道障礙物——地雷帶前。排除了地雷，穿過地雷帶，越過拒馬角錐體障礙後，他們來到三列樁鐵絲網面前。兩名隊員迅速將一個個掛雷排除，將一根根鐵絲網剪斷，很快穿過鐵絲網。然後，突擊隊員分成兩個組，一組由三人組成，向指揮樓潛行，另一組由六人組成，向間諜船摸去。

克拉克看了看夜光錶，時針指向十二點，正好附在耳朵上的微型無線電通話器裡，傳來「噗噗噗」三聲氣吹暗號，表明B組已順利潛到預定位置。三名隊員把巡邏隊吸引到指揮樓後，克拉克率六名隊員發起攻擊。

趁著岸上一片混亂，B組的隊員攜帶威力強大的磁性炸彈，潛游到間諜船下，將裝有定時裝置的炸彈吸附在每艘船的推進器和油箱等部位，然後迅速撤離港口。

隨著一聲沉悶的爆炸聲，最南端的一艘間諜船首先起火，緊接著，又接二連三地傳來陣陣爆炸聲。特種部隊的突擊隊員們趁著混亂，摸回「土潛艇」，很快地踏上了歸途。

受到此次意外襲擊後，日本的海上間諜船一蹶不振，美國的運輸船隻可以較安全地行駛在太平洋上了。

《孫子兵法》強調：「正不如合，合不如奇」，在戰場上出奇制勝是最重要的，消滅敵人有很多方法，能用最佳方案出敵之不意就是最好方法。

出其不意才能扭轉戰局

針對敵人的特點和自己的客觀情況，出其不意地用奇補短，克敵之長，這樣便會轉變戰局，讓自己獲得勝利。

一九三九年九月，德軍橫掃波蘭，希特勒的「閃電」戰術頻頻奏效。然而在九月八日這一天，當德國第十集團軍推進到波蘭的伊日爾河時，卻意外地遭到了波蘭軍隊的猛烈反擊。第十集團軍只好全線撤退，撤退中，德軍的高炮部隊被波蘭步兵團團圍住，突圍已不可能，只有頑強抵抗，等待援兵。

德軍上校列普列勒判斷，波蘭軍隊一定會趁夜色發起進攻，如何打退波軍的進攻呢？高炮部隊很少配備便於地面作戰的長短武器，列普列勒沉思片刻，決定以奇補短，打擊波軍。但要怎麼以奇補短呢？

夜幕伴隨著最後一抹餘暉悄悄地降臨了，上校命令探照燈連隊進入前沿陣地，將探照燈悄悄地配備到陣地兩側有利地形上，然後命令各炮手做好平射準備。

當地時間二十三時三十分，在離前沿陣地不遠的地方，果然傳來了波蘭軍隊的腳步聲。列普列勒估算著距離，下令打開左側的探照燈。波軍面對突如其來的強光，驚慌失措，一個個迅速地趴在地上，德軍高炮乘機猛掃。

三秒鐘後，左側的探照燈突然滅了。又等了三秒鐘，右側的探照燈猛然照射，高炮手又趁機一頓掃射。沒等波軍反應過來，左側的探照燈又亮了，不等波軍瞄準，探照燈就滅了。

探照燈不斷變換位置，開燈就打，滅燈就轉移，波蘭軍隊遭到衝創。德軍就是利用這種方法，打退了波蘭軍隊的數次進攻，最終堅持到援軍到達。

針對敵人的特點和自己的客觀情況，出其不意地用奇補短，克敵之長，這樣便會轉變戰局，讓自己獲得勝利。任何競爭都一樣，不在自己薄弱的環節與對手硬拼，而是靠出奇制勝，這樣就能站穩腳跟，立於不敗之地。

茅台酒香溢萬國會

一籌莫展的時候，往往是鍛鍊人心志、激發腦力的時刻。頭腦靈活，從反方向入手，就會收到意想不到的效果。

一九一五年，巴拿馬萬國博覽會人湧如潮，但是，在中國展覽室駐足的人卻不多。這也難怪，那個時代，在西方人眼中，中國不過是「東亞病夫」，能有什麼可以「博覽」的呢？

一連幾天過去，情況都沒改變。

中國商人們都暗暗叫苦，特別是來自貴州一位穿著長馬褂、頭戴圓帽，前來萬國博覽會展銷茅台酒的商人，更是焦灼無比。幾天來，那些紅眼珠、藍眼珠的外國人連看都不願意看他的「茅台」一眼。

也許是茅台酒的包裝過於古樸？也許是外國人對它一無所知？也許是外國人有成見？貴州商人苦苦思索著。

茅台酒是產於貴州省仁懷縣茅台鎮的一種烈性白酒，造酒用的水取自發源於雲南、穿越崇山峻嶺、流經茅台鎮的茅台河。茅台河水無色、無味、透明微甜爽口，用它釀出的茅台酒純淨透明、香味濃郁，在中國久享盛名。

但要如何把它推銷到國外呢？

不久，又一群外國人從鄰近的展室湧了出來。

貴州商人靈機一動，捧起一瓶酒，故作失手，「哎呀」一聲驚叫，茅台墜落在地，陶瓷酒瓶摔碎了。

霎時，一股特殊的芳香悠悠飄起，沁向四周……

「好香！」

「好極了！什麼酒？」

「從來沒想到過會有這樣的酒！」

在一片驚異的讚歎聲中，外國酒商們紛紛湧來。

儘管被打碎的陶瓷酒瓶很快被收拾起來，儘管地面很快就被擦乾了，但是，數天過後，中國展室內外依然殘留著香氣。沁人心脾的中國茅台酒一鳴驚人，從此走向了世界。

一籌莫展的時候，往往是鍛鍊人心志、激發腦力的時刻。頭腦靈活，從反方向入手，就會收到意想不到的效果。

出其不意，才能做好生意

做別人想不到的事，幹別人想不到的生意，出其不意，才能獨樹一幟，才能以自己獨特的風格贏得顧客的青睞。

一九五八年，一個名叫雅克·博雷爾的矮個子法國人在參觀龐貝廢墟時忽然激發靈感。當時，他走進奴隸餐廳，猛然抬頭，眼前的景象使他驚愕得張大了嘴巴：「唔，好一個自助餐廳！」

他認定這種快餐廳必將風行，回到巴黎後，就開起了速食店。他把速食店設計得和龐貝古城的奴隸餐廳一個樣，吃慣了大菜的法國人很快被吸引到這家「奴隸餐廳」裡來。

於是，博雷爾的速食店連珠般發展成連鎖店，生意十分興隆。然後，博雷爾又把他的自助餐廳推展到公司裡去。

十五年過後，他的公司餐廳已達八百家。不久，他又發現有的小型公司，並沒有餐廳，就向他們提出使用午餐券的辦法，用這種午餐券，公司的人可到他在鄰近開設的餐館進餐。這樣一來，公司的雇員花錢少吃得好，雇主的開銷減少，博雷爾的生意也進一步擴大，眞可謂皆大歡喜。

不久，他又瞄上了漢堡生意。漢堡是德國貨，法國人會喜歡它嗎？許多人認爲他做漢堡生意等於自殺。事實證明，法國人不但吃了，而且吃得津津有味。

六〇年代末，博雷爾又產生了經營汽車快餐館的想法。於是在法國、義大利和西班牙等國的密如蛛網的公路邊上，星星點點地出現了博雷爾的汽車快餐館。

做別人想不到的事，幹別人想不到的生意，出其不意，才能獨樹一幟，才能以自己獨特的風格贏得顧客的青睞。博雷爾恰恰做到了「出其所不趨，趨其所不意」，也成功締造佳績。

張榮發奇襲「海陸空」

張榮發以小積大，瞄準別人認為不可為的方向努力，得到了強大的回報，長榮集團的成功，正是他與眾不同的經營方式的回報。

一九二七年，航運大王張榮發出生於台灣基隆，家境窘困。父親是船上的木匠，在他十八歲時便去世了。

張榮發生長在艱苦環境中，但從小發憤努力。據說，在他五歲時，父親出海歸來帶給他一艘小模型船，他馬上轉送給了妹妹，並充滿天眞地口出狂言：「我要一艘大輪船，運好多東西好多人。」

張榮發從台北專科學校畢業後，爲了能賺更多錢養家，登上一條日本商船，當最低等的海員。

雖然前途渺茫，但年少氣盛的張榮發並不自怨自艾，繼續自修學習，汲取知識，工作很勤奮。他從事務員、事務長、三副、二副、大副、船長，一步步往上爬升。突出的成績，使他受到航運界關注，一家台灣船運公司聘任他為副總經理。

一九六八年，張榮發創辦長榮海運股份有限公司，自任董事長，從事遠洋海運事業。當時，他的公司小得可憐，資本只有二百萬元台幣，生財工具是一艘老式機船，破舊不堪，令人擔心它隨時會沉沒。張榮發毫不氣餒，憑著老關係四出招攬生意，終於打開了局面。

第二年，張榮發一口氣購進三艘萬噸級貨輪，開闢遠東至中東的定期航線。

一九七二年，世界性石油危機降臨，張榮發果斷採取了防備措施，把船改為柴油機船，開闢中南美航線，節約了三十%的燃料費。當危機擴大之時，「長榮」只略受損失，不少航運公司則損失慘重，有的遭到了淘汰。「長榮」的實力在衆降中驟升，開始崛起。

一九七三年，張榮發發現了集裝箱將是國際航運業的趨勢，很果斷地決定全面發展集裝箱船。當時，台灣航運界對此抱持觀望態度，「長榮」率先採取了行動。

經過二十多年奮鬥，到了一九九〇年，張榮發的長榮海運公司已成爲世界上最大的集裝箱船運公司，分公司遍佈世界各國。

張榮發因此而被美國《福布斯》雜誌譽爲「這一代最偉大的航運鉅子」。

然而，張榮發並沒有沉醉於「海上之帝」的榮耀之中，而是居安思危，不斷進取。他目睹了航運業每一次盛衰循環都淘汰了不少資深的航運商，使他悟出了多元化的重要性。只有向多元化發展，才能使「長榮」立於不敗之地。於是，他制定了「登陸」及「升空」的系列計劃。

「登陸」方面，張榮發把重點放在發展旅遊觀光事業方面，先後在世界各地興建觀光飯店，以及國際頂尖的五星級國際酒店。

「升空」方面，長榮集團正式組建了經營國際空運的長榮航空公司，兼營客、貨運，航線遍及世界各三大洲。

張榮發以小積大，瞄準別人認爲不可爲的方向努力，得到了強大的回報，長榮集團的成功，正是他與衆不同的經營方式的回報。

【第4章】

聲東擊西，以實擊虛

孫子指出，指揮作戰的將領要善於用假象迷惑敵人，使敵人產生錯覺；同時又善於以利誘敵，使敵人被我調動，然後趁敵立足未穩進行擊破。這些方法或手段，正是「出奇制勝」的靈活運用。

呂蒙裝病偷襲荊州

正當關羽集中兵力猛攻樊城之時，呂蒙將戰船偽裝成商船，發動襲擊，一舉奪取荊州。趁虛而入，攻敵不備，這是呂蒙偷襲取勝的原因。

建安二四年（西元二一九年），蜀漢大將關羽出師北伐，俘虜了魏國左將軍于禁，並將征南將軍曹仁圍困在樊城。這時，吳國孫權要乘機奪取荊州，藉口召鎮守陸口的吳國大將呂蒙回建業治病，順便共商大計。

呂蒙途經蕪湖時，駐守當地的吳將陸遜去見呂蒙，並對他說：「你的防區和關羽相接，現在為什麼遠離戰區東下建業？」

呂蒙說：「我的病太重了啊！」

陸遜說道：「關羽自恃勇猛，向來瞧不起別人。現在他剛剛立了大功，更加驕傲自滿，正在一心北伐魏國，對我們吳國沒有疑忌，加上聽說你得了重病，必然更不防備。趁此時機襲擊關羽，一定可以活捉他。你到建業後見到主公，應該很好地籌劃籌劃。」

呂蒙說：「關羽一向勇猛善戰，佔據荊州以來，又廣施恩信，很得人心。江陵、公安等地仍留有重兵把守。再加上他剛剛打了勝仗，士氣更加高漲，要想攻襲他可不那麼容易。」

呂蒙到了建業，孫權問他：「你看誰可以接替你的職務？」

呂蒙回答說：「陸遜深謀遠慮，加以他名聲不大，關羽對他沒有疑忌，沒有比他更合適的人選了。但是，要告訴他掩藏鋒芒，麻痺關羽，尋找有利時機出擊，才能獲勝。」

孫權於是召見陸遜，任命他爲偏將軍右部都督，接替呂蒙的職務。

陸遜到了陸口，便寫信給關羽說：「前不久，您看準機會出師北伐，只用了很小的代價，就取得重大勝利。聽到您勝利的消息，我們都擊掌慶賀，盼望您乘勝前進，席捲魏國，以便咱們共同輔佐漢室。我才疏學淺，最近受命來西邊任職，很希望有機會親自瞻仰您的風采，領受您的指教。」

陸遜又說：「大家都認爲您的功勳將萬世長存，不過，傳聞魏國的右將軍徐晃率領騎兵正窺伺您的防地。曹操是個很狡猾的敵人，希望您留意。」還說：「我是一個書生，在軍事方面粗疏遲鈍，對自己的職務不能勝任，眞幸運能與您這樣有威有德的人爲鄰。」

關羽看到陸遜的信言辭謙卑，有請求關照的意思，完全放了心，對吳國再無疑慮了。對吳國失去警惕之心，關羽將防守荊州、江陵、公安的蜀軍調去進攻樊城，將注意力全部集中在曹操一方。

與此同時，孫權又暗中與曹操拉關係，避免兩面作戰。一切準備就緒，正當關羽集中兵力猛攻樊城之時，呂蒙將戰船僞裝成商船，悄悄地沿江而上，發動襲擊，一舉奪取荊州。

趁虛而入，攻敵不備，這是呂蒙偷襲取勝的原因。

耿弇指東打西獲得勝利

耿弇的勝利就在於施展聲東擊西之計，使弱者鬆懈，易於降服，使強者震懾，喪失鬥志，從而取得一箭雙雕的奇效。

西元二九年，張步和他弟弟張藍率兵造反，佔領山東的淄博和臨淄兩城，漢光武帝劉秀派大將耿弇領兵前去平叛。

耿弇把軍隊駐紮在淄博和臨淄的兩城之間，駐下後，便領幾個親兵前往觀察敵方的城防。他看到淄博城廓雖小但相當堅固，而臨淄城廓雖大卻守備薄弱。清楚敵情之後，一個計謀在他胸中形成了。

一回到營中，耿弇立即發佈命令，要五天之內拿下淄博。這個命令很快傳到駐守淄博的張藍耳裡，立即加緊戰備，日夜提防。

將近第五天，耿弇下令三更開飯，五更開拔。

出乎大家意外的是，他不是命令隊伍向淄博進發，而是向臨淄急行軍。但軍令如山，誰也不敢多說什麼。當漢朝大軍壓境時，臨淄的叛軍大吃一驚，經不起漢軍攻擊，很快被攻了下來。

臨淄城陷落的消息，很快傳到淄博。漢軍如此了得，淄博彈丸之地豈可與之抗衡？張藍想到此，趕緊攜帶家小棄城而逃。於是，弇耿不費吹灰之力拿下淄博，平息了叛變。

耿弇的勝利就在於施展聲東擊西之計，事先製造假訊息說是要攻淄博，可是眞打的卻是臨淄，使弱者鬆懈，易於降服，使強者震懾，喪失鬥志，從而取得一箭雙雕的奇效。

虛張聲勢，讓眞正的戰鬥目標隱而不宣，在發動戰鬥命令後突然向眞目標奔襲，往往會讓敵人驚慌失措。這種指東打西的戰術，在各類競爭上也是一種好辦法。

故意示弱，晉文公稱霸

晉國軍隊故意示弱，以麻痺敵軍，從而乘其不備，一舉取勝。城濮之戰後，晉軍聲威大振，晉文公一躍成為春秋五霸之一。

春秋時期，晉國公子重耳逃亡到楚國時，楚王設宴款待他。酒過三巡，楚王乘酒興對重耳說：「有朝一日，公子返回晉國，將如何報答我？」

重耳想了想，回答道：「如果托大王洪福，我有幸回晉國爲君，一定讓晉國與楚國友好相處。如果迫不得已，兩國必須交戰，我一定下命令讓軍隊退避三舍（一舍合三十里），以報答大王恩德。」

四年後，重耳返回晉國當了國君，史稱晉文公。晉文公勵精圖治，選賢任能，使晉國強大起來。接著，他又建立起三軍，命先軫、狐毛、狐偃等人分任三軍元帥，準備稱霸中原。

晉國日益強大，南方的楚國也日漸強盛。西元前六三三年，楚國聯合陳、蔡等四個小國向宋國發起攻擊。宋國向晉國求援，晉文公親率三軍增援宋國。

楚軍統帥成得臣驕傲狂暴，晉文公深知他的脾氣，決心先激怒他，然後伺機消滅他。成得臣急於尋找決戰時機，晉文公就設計暫不與他交鋒。當初與楚王宴飲，晉文公許諾如與楚軍交戰，一定退避三舍，晉文公信守諾言，下令三軍後退，一直退到城濮才停下來。

其實，晉文公的後撤是早已計劃好的了，可以一舉三得：一是爭取道義上的支持，二是避開強敵的鋒芒，激怒成得臣，三是利用城濮的有利地形。

這時，楚將斗勃勸阻成得臣道：「晉文公以一國之君的身份退避我們，給了我們很大的面子，不如就此回師，也可以向楚王交代。」

成得臣說：「氣可鼓而不可洩。晉軍撤退，銳氣已失，正可乘勝追擊！」於是，揮師直追九十里。

晉、楚雙方在城濮對陣，晉國兵力遠不如楚國，晉文公不免有些擔心。狐偃說道：「今日之戰，勢在必勝，勝則可以稱霸諸侯；不勝，退回國內，有黃河天險阻擋，楚國也奈何不了我們！」

晉文公因此堅定了決戰和取勝的信心。

戰鬥開始後，晉軍佯作敗退，楚軍右軍揮師追趕，一陣吶喊聲中，胥臣率領戰車衝出。胥臣所率戰車的馬匹都披著虎皮，楚軍見了，驚惶得亂跑亂叫，胥臣乘機掩殺，楚右軍一敗塗地。

先軫見胥臣獲勝，一面命人騎馬拉著樹枝向北奔跑，一面派人扮成楚軍士兵向成得臣報告：「右軍已經獲勝。」

成得臣遠望晉軍向北奔跑，又見煙塵滾滾，信以爲眞。

楚左軍統帥斗宜申指揮楚軍衝入晉軍狐偃陣中，狐偃且戰且退，把斗宜申引入埋伏圈，將楚軍全殲。接著，先軫故技重施，又派人向成得臣報告：「左軍大勝，晉軍敗逃。」

成得臣見左、右二軍獲勝，親率中軍殺入晉軍中軍。這時，先軫與胥臣、狐偃率晉軍上軍、下軍前來助戰，成得臣方知自己的左軍、右軍已經大敗。成得臣拼命突圍，卻被晉將擋住去路，幸好晉文公及時發出命令，饒他一死，以報當年楚王厚待之恩，成得臣才得以逃回本國。

晉國軍隊故意示弱，以麻痺敵軍，從而乘其不備，一舉取勝。城濮之戰後，晉軍聲威大振，晉文公一躍成爲春秋五霸之一。

盧茲號的欺敵戰術

兩軍對壘之時，必須嚴加提防，千萬不可草率行事，危險隨時都潛伏在身邊，稍微大意就可能遭至滅頂之災。

第二次世界大戰期間，澳大利亞有名的巡洋艦「雪梨」號被德國戰艦「盧茲」號利用欺詐的手段擊沉，導致戰爭失利，成爲第二次世界大戰中「兵不厭詐」的著名戰例。

德軍戰艦怎麼靠欺詐的手段把澳大利亞軍艦擊沉的呢？

一九四四年十一月一九日晚，德國盧茲號戰艦與澳大利亞雪梨號戰艦在近海相遇。盧茲號艦長道麥深知，本身的火力遠遠不及雪梨號射程遠，一旦被發現，只有挨打的份兒。他認為，能擺脫這種命運的辦法，只有設法靠近雪梨號，然後以全部火力突襲。

於是，道麥拿出事先準備好的挪威國旗，並向空中發出信號，警告本海域出現可疑船隻，使雪梨號艦長誤以為敵艦在他處。

接著，盧茲號又佯裝起火，發出了SOS失事信號，使雪梨號相信這艘掛著挪威國旗的商船航行困難，需要幫助。

雪梨號艦長巴尼特下令讓盧茲號向自己靠近，並且關掉發動機，準備實施營救。就在這時，「受傷的商船」突然向雪梨號發射了兩枚魚雷，接著，用大炮和機關槍猛烈掃射。

雪梨號舵輪被炸飛，尾艙中彈起火，船上飛機被炸碎。此時，雪梨號才知中計，可是為時已晚，被盧茲號第三枚魚雷擊中，艦上六四五名官兵全部葬身大海。

兩軍對壘之時，必須嚴加提防，千萬不可草率行事，危險隨時都潛伏在身邊，稍微大意就可能遭至滅頂之災。

盟軍的「霸王行動」

一個完美的欺敵方案要從每一個細節上考慮周全，在整個欺詐過程中也必須有系統、有步驟地進行，方能達到以假亂真的效果。

第二次世界大戰進行到一九四三年時，盟軍已經穩住陣腳，開始逐步反攻，這一年制定了「霸王行動」，準備開闢第二戰場，在歐洲大陸登陸。盟軍決定在一九四四年春執行計劃，從英國向法國登陸。但擺在眼前的難題是，希特勒早就知道盟軍想從法國登陸，並做好了準備，在法國海岸布下了重兵把守。盟軍於是制定了一個輔助計劃「水銀計劃」，也稱「衛士計劃」，協助諾曼第登陸。

「衛士計劃」從五個方面爲「霸王行動」提供掩護，即竊取情報、反間和保密、敵後特別行動、政治宣傳戰和心理欺騙。目的是透過這些欺敵手段，使狡詐多疑的希特勒相信盟軍進攻的矛頭不是法國的諾曼第，而是斯堪的納維亞、巴爾幹半島、法國的加來海峽。

邱吉爾是這項計劃的宣導者和支持者，他曾說過：「在戰爭時期，眞相是如此寶貴，必須用謊言去保衛它。」

「衛士計劃」規模十分龐大，該計劃將欺敵行動覆蓋了參戰雙方和每一個中立國。英美兩國特種行動部門，甚至盟軍的政府首腦和國家機構都爲此項計劃服務。

北方堅韌計劃，爲使希特勒相信盟軍將進攻斯堪的納維亞，虛構出一次代號爲「斯凱島」的登陸行動方案。虛構的英國第四集團軍在蘇格蘭的愛丁堡出現，大量頻繁的軍中電文使德國人相信它的存在，二十七個德國師隊靜靜地守在北歐，等待一次永遠不會出現的進攻。

南方堅韌計劃，爲誘使希特勒相信加萊是盟軍的登陸地點，又虛構出一支擁有五十個師、一百萬人的美國第一集團軍，性格暴躁、愛出鋒頭的巴頓將軍被任命爲該集團軍司令官。無數足以亂眞的兵營、醫院、油庫、飛機、大炮出現在英國東南部，假的輸油管道正在日夜鋪設。

英國雙十委員會為使謊言更為眞實，還動用大批雙重間諜通過各種管道向德國洩漏一些情報，被俘獲的德軍將領也被利用作為欺敵行動的工具。甚至由演員裝扮的蒙哥馬利將軍也粉墨登場了，在直布羅陀和阿爾及利亞進行一番巡視，使希特勒再次上當。

由於「衛士計劃」欺敵成功，希特勒堅信盟軍進攻的矛頭是法國的加萊半島，而不是諾曼第，因此把西線德軍最強大的四個裝甲師抽出來，由自己親自控制，以便隨時增援加萊地區，此舉使諾曼第地區德軍的抗登陸能力大大減弱。

就在盟軍登陸諾曼第之時，希特勒仍相信那只不過是佯攻，眞正的攻擊點是加萊，遲遲不動用戰略預備隊馳援諾曼第，等他醒悟時已為時太晚。由此可見，「衛士計劃」編造的謊言的確使希特勒信以為眞了。

一個完美的欺敵方案要在每個細節上考慮周全，整個欺詐過程中也必須有系統、有步驟地進行，方能達到以假亂眞的效果。在對戰中要想以奇制勝，少不了「用謊話來掩護眞相」，只要麻痺了對手的判斷，就能獲得成功。

英國的聲東擊西計謀

英國要怎樣順利登陸呢？為了迷惑對方，以假亂真，英軍採取了多方面聲東擊西的措施，以掩護在聖卡洛斯港登陸的真實目的。

一九八二年英國與阿根廷爆發戰爭，英軍急於尋找一個合適的港口登陸作戰，看中了馬爾維納斯群島。

馬爾維納斯群島海岸線曲折，總長一二八七公里，有許多避風海灣和自然港。英軍選擇的登陸地點是聖卡洛斯港。這個港有個優越的自然條件，這就是入口處水深達三十六米，可供大型船隻停靠。另外，岸上的地域開闊，有利於部隊登岸後展開，可避免被集中的炮火擊中。

但馬爾維納斯地勢也有不利的一面，海灣狹長，寬度僅爲六至十六公里，艦隊活動的腹地小，無法建立大縱深的對空防禦警戒，容易遭對方飛機集中攻擊。聖卡洛斯港的交通也很不便利，只有條小道與首府斯坦利港相通，並且沼澤密佈、道路泥濘，交通困難，不利於登陸部隊向斯坦利港推進。

由於以上這些不利的自然地理條件，阿根廷認爲英軍絕不會由此登陸，只派了很少的警戒部隊，而將防禦重點部署在海面較爲開闊、道路條件較好的斯坦利港、達爾文港及古斯格林。

針對阿根廷的部署，英國要怎樣順利登陸呢？

爲了迷惑對方，以假亂眞，英軍在一九八二年五月初採取了多方面聲東擊西的措施，以掩護在聖卡洛斯港登陸的眞實目的。首先，英國各媒體大量報導假預測、假分析，謊稱英國將在西島或東島南部登陸。就在發起登陸作戰前不久，國防部的官員仍向媒體佯稱：英國軍隊目前只是採用小股作戰部隊對阿根廷襲擾，以使阿軍疲憊、消耗，不準備大規模登陸。

就在登陸前兩天，英軍又用轟炸機連續轟擊西島、東島南部，對北部卻不聞不問。就是到了五月二十日的午夜，登陸已迫在眉睫，登陸艦船向聖卡洛斯灣進發之際，英國特遣艦隊的兩艘航空母艦仍自東北方向駛往馬島南端海域，佯裝向馬島南部發起進攻。

就在英軍在聖卡洛斯港登陸時，英國軍隊仍用飛機、軍艦對斯坦利港、古斯格林、豪沃拉港、路易港和狐狸灣進行轟炸和炮擊。突擊隊還煞有介事地在達爾文港、狐狸灣和路易港強行登陸，並發起牽制性攻擊。這些行動既使阿軍無法判明英軍的眞正意圖，同時又在客觀上將阿軍牽制於此地，即使得知聖卡洛斯失守，也無法抽兵去回救。

英軍做了上述的「聲東」措施，又在登陸作戰步驟上精心安排。

英軍先把阿軍的一切通訊設施全部摧毀，使阿軍無從得到消息，不能及時空援。同時，爲了使「擊西」的意圖絕對保密，又採取了無線電靜默，中斷向美國提供英、阿雙方艦位的情報。

由於英軍採取了上述措施，使得阿軍一直被蒙在鼓裡，不斷加強對斯坦利港和南部達爾文港的警戒與防守，放鬆了對北部聖卡洛斯港的警惕。結果，五月二十一日凌晨，英軍在猛烈的炮火掩護下，不費吹灰之力一舉登陸。直到天亮後，阿軍才醒悟過來，可是爲時晚矣，英軍已在聖卡洛斯港建立了穩固的灘頭陣地，使英阿馬島之役的戰局發生了關鍵性的轉折。儘管以後阿軍對英軍展開猛烈的轟擊，但始終沒能扭轉戰爭的全局。

英國在聖卡洛斯登陸成功，爲英軍後來的勝利打下了堅實的基礎，直至把阿軍圍困在斯坦利港，迫使阿軍投降，結束了這場馬島之戰。

高明的統帥通常都是善於說謊或製造謊言的大師，作戰之時，會把《孫子兵法》裡的虛實之道用得爐火純青，馬島之戰正是戰例之一。

靠「綠化」帶活旅店

勤勞的遊客既為旅店栽下「搖錢樹」，又為旅店老闆增加營業收入，同時，老闆也為自己樹立起了愛護環境的商家形象。

日本淺草下村有家旅店，背靠荒山禿嶺。儘管店主很認眞經營，把客店收拾得十分乾淨，飯菜也很講究且價格適中，但因地理位置不好，尤其是背後的禿山，使得旅店飯店的景觀很乏味，顧客總是稀稀落落。

老闆很是著急，這是祖上留下的產業，他捨不得遷移，再說，好地方的地皮貴得嚇人，他也買不起。想整治後山，種植花草樹木，一來工人難雇，二來耗資巨大，這家小旅店沒那麼大的財力。

怎麼辦呢？老闆苦無良策。

某天，老闆望著荒山禿嶺，忽然產生一個念頭，喜不自勝，馬上伏案疾書。

幾日後，一則消息見諸報端：「下村旅店的後面有一片山地，寬敞又幽靜，將闢爲植樹紀念地。客居本店者，可親手種植一棵小樹苗，本店將派專人爲您拍照留念，並掛上紀念牌，註明您的大名及種植日期。日後您若再次光臨，將會發現綠樹成蔭，具有極好的紀念性。」

老闆的這一招，抓住了平時爲公害所苦的都市人特別珍視綠化環境的心理。消息一發出，大批遊客接踵而來，一些新婚夫婦更是特地來這裡植樹紀念，荒山禿嶺很快變成綠化寶地。

結果是，勤勞的遊客既爲旅店栽下「搖錢樹」，又爲旅店老闆增加營業收入。同時，老闆也爲自己樹立起了愛護環境的商家形象。

【第5章】

「擇人」與「狂想」

《孫子兵法》認為，靈活的戰法能否巧妙地運用，既要「擇人」，選擇優秀的將領，又要「任勢」，即造成有利的戰場態勢。兩者都具備了，才能使部隊的戰鬥力得到充分發揮。

蘇秦臨終一計誘敵

故意迂迴繞道，並用小利引誘敵人，這樣就可能做到比敵人後出動而先到達必爭的要地。《孫子兵法》強調，要懂得以迂為直的計謀。

中國有句成語叫「懸樑刺骨」，其中，「刺骨」講的是戰國時期著名的縱橫家蘇秦的故事。

蘇秦在事業開始的時候屢遭失敗，前去遊說秦國，秦王沒有搭理他，盤纏耗盡後，灰溜溜地回到家中，父母不跟他說話，妻子不給他縫衣服，嫂子也不給他做飯吃。蘇秦從此發憤讀書，每當睏倦之時，就拿起妻子納鞋用的錐子往大腿上刺去，頓時鮮血流出，疼痛難忍，睏意隨之一掃而光，然後蘇秦捧起書本，繼續苦讀。

經過一年多的苦讀，蘇秦又去遊說趙、韓、魏、楚、燕、齊等六國聯合抗秦，六國共同任命蘇秦爲宰相，趙國還加封他爲武安君，蘇秦的名字從此威震天下。

蘇秦在趙國住了一段時間，又在燕國住了一段時間，最後在齊國住了下來。齊王對蘇秦很信任，大事小情都要跟他商量，引起了齊國大夫的嫉妒，最後竟發展到派刺客刺殺蘇秦的地步。

一天晚上，蘇秦正在書房裡讀書，一名蒙面刺客從視窗跳了進來，一劍刺入蘇秦胸膛。蘇秦大叫一聲：「有刺客！」隨即倒在血泊之中。

衛士急忙跑入書房，刺客已逃之夭夭。

齊王聽說蘇秦遇刺，急忙前來看望。蘇秦已奄奄一息，掙扎著說：「刺客……身材，高……高大，臣……有一計……能抓到眞正……刺客……」蘇秦上氣不接下氣地說出一計後，就死了。

齊王回到宮中，衆大臣都來詢問蘇秦的死因，與蘇秦爭寵的那些大臣則格外關心齊王對蘇秦之死抱持什麼態度。齊王滿面怒容，恨恨地說：「眞是知人知面不知心！我尊他爲上賓，封他爲宰相，他竟然是燕國派來的奸細！不將他五馬分屍，不足以解我心頭之恨！」

齊王當即派人把蘇秦的屍體拉到市場，把頭和四肢分別拴在五輛馬車上，當衆宣佈蘇秦的「罪行」後，一聲令下，五輛馬車向五個不同的方向奔去，蘇秦的屍體頃刻之間分成了五個部分。

齊王下令將蘇秦的屍體抛在街頭，不許埋葬，然後吩咐打道回宮。正在這時，一個身材魁梧的人從衆百姓中走了出來，聲稱蘇秦是他刺殺的，請齊王賞賜。

齊王道：「你爲齊國立下赫赫大功，我自然重重有賞。不過，假如衆百姓都聲稱是他殺的，都來向我求賞，我該給誰呢？」

刺客回答：「大王明察，只有我可以證明蘇秦確是我殺死的。」於是，把行刺過程講了一遍。

齊王靜靜地聽著，刺客所言與自己所掌握的情況果然完全一致，於是，對刺客說：「不錯！蘇秦是你所刺殺的……蘇秦先生可以在九泉之下瞑目了！」下即命令衛士：「將刺客給我拿下！」

刺客大吃一驚，方知中計。

齊王殺掉刺客，用隆重的禮儀埋葬了蘇秦。

故意迂迴繞道，並用小利引誘敵人，這樣就可能做到比敵人後出動而先到達必爭的要地。

《孫子兵法》強調，與敵軍作戰，要懂得以迂為直的計謀。「迂」與「直」本是一對矛盾體，但在軍事戰略上，「直」往往是最難達到的，雙方的注意力都在於此，成了實際上的「迂」；而「迂」看似緩慢，但只要避實擊虛，就成了實際上的「直」，「迂」和「直」往往會發生轉化。

趙奢智救閼與城

趙奢見時機已到，下令總攻，秦軍棄甲拋戈，狼狽而逃，閼與之圍解除了。以欺敵戰術迷惑對方，先使敵產生輕敵情緒，而後滅之，往往更為容易。

趙惠文王在位之時，趙國有個與上卿廉頗、藺相如同等地位的人，他就是一代名將趙奢。

趙奢原本是一個收稅小吏，執法甚嚴，曾殺了平原君趙勝手下九名抗稅家臣。後來，趙惠文王讓他管理全國稅收，又管得有條有理，很受趙王信任。

趙惠文王二十九年，秦國將領胡陽率兵包圍了趙國的閼與城（今山西和順）。趙惠文王召集大臣研議。廉頗、樂乘等人都說道路險遠，難以救援。趙奢卻說：「在遠征途中的險狹之地打仗，如兩鼠爭鬥於洞中，勇者勝。」

趙惠文王遂命趙奢領兵去救閼與。

誰知趙奢離開邯鄲後，只向西行軍三十里就停了下來，還下了一道命令：「有來談軍事，勸我急速進兵者，斬！」

眼見秦軍在武安西側晝夜操練人馬，磨刀霍霍，將士們都很著急。有個軍吏實在忍耐不住，來見趙奢，請求速救武安，被趙奢砍了頭。

將近一個月，趙奢一直按兵不動，還不停加固工事，構築營壘。秦國派人到趙奢營中，趙奢用好酒好肉款待，客客氣氣地送他走了。明知是來刺探軍情，趙奢仍不動聲色。

送走秦國間諜，趙奢立即下令拔營，急行軍一晝夜，來到閼與前線，還讓善於射箭的軍士迅速到距閼與五十里一帶構築營壘。

秦將胡陽沒想到趙奢會有此舉，聽了秦間諜的報告，還以爲趙軍駐足不前，自己指日便可奪取閼與，此時方知上當，氣急敗壞地率領全部人馬趕到。

這時，又有一個叫許曆的軍士冒死來見趙奢，他說寧可受腰斬之刑，也要和趙奢談談作戰問題。

這次，趙奢卻說：「前令是在離開邯鄲之時，爲迷惑秦軍而下的，現在已經過了時效，你講吧！」

許曆說道：「要馬上佔領閼與北山，先上山者勝，後上山者敗。」

趙奢認爲有理，立即派一萬精兵火速搶佔北山。

趙軍剛剛登上山頂，秦軍也來到山下蜂擁而上。山上的趙軍箭如雨下，秦軍幾次衝鋒，都沒有衝上去。

趙奢見時機已到，下令總攻。趙軍從四面八方掩殺過來，秦軍棄甲拋戈，狼狽而逃，閼與之圍解除了。

以迂爲直，以欺敵戰術迷惑對方，先使敵產生輕敵情緒，而後滅之，往往更爲容易，趙奢智救閼與城就是經典的戰例。

納爾遜炮擊哥本哈根

納爾遜機智對敵，繞開設防嚴密的對手，迂迴而進，給予敵人措手不及的打擊，取得預想的戰果。這次戰役體現了「以迂為直」的謀略。

一八〇〇年底，俄國、瑞典和丹麥等國在拿破崙誘勸和威逼下，組成武裝中立同盟，共同對付英國。

為了擊破和瓦解對方的武裝中立，翌年三月，英國政府派出一支分艦隊駛入厄勒海峽，由派克將軍擔任司令，納爾遜擔任副司令。英國艦隊抵達厄勒海峽後，先派出代表與丹麥談判，但未達到預期結果。於是，納爾遜決定兵戎相見，用「艦炮來解決問題」。

這是一場充滿了艱難險阻的戰鬥。當時的厄勒海峽，淺灘和島嶼星羅棋佈，海峽中部突出水面的沙洲又把水道一分爲二，自然形成了國王水道和外水道。國王水道北口設有堅固的特勒克隆納要塞，保護著通往哥本哈根的入口；要塞的前面駐有水上防衛隊，國王水道中則停泊著丹麥艦隊，直接保護著哥本哈根。

經過冷靜運籌，納爾遜決定從南面進攻，避開特勒克隆納要塞，先集中兵力把丹麥艦隊打垮。

四月一日夜間，納爾遜率領著自己的支隊，悄悄穿過曲折複雜的外水道，在中部沙洲的東南方隱蔽待機，靜候南風的到來。

納爾遜的支隊轄有十二艘戰列艦、五艘快速帆船和九艘其他船隻。四月二日上午，風向變了，納爾遜率領戰艦立即發起猛烈的攻勢。丹麥預料會遭到攻擊並做了準備，但沒有想到英艦隊會繞過外水道從南面進攻，艦隊慌忙組織抗擊。

炮戰中，有三艘英艦先後負傷，艦隊司令派克將軍命令納爾遜撤出戰鬥。但是，納爾遜並未理睬，繼續指揮戰鬥。他認爲，激戰中出現傷亡是不可避免的，關鍵時刻「堅持尤爲重要」。

到了下午三時，丹麥人果然頂不住了。十五艘丹麥戰艦相繼損失，整個艦隊幾乎全軍覆沒，艦隊司令只好宣佈投降。這時，納爾遜又率領戰艦直驅瑞典海面，瑞典艦隊嚇得趕緊逃進港灣。

接著，納爾遜又要求乘勝攻擊停在芬蘭灣內的俄國艦隊。然而這一要求遭到派克將軍斷然拒絕，俄國艦隊也乘機逃遁了。

哥本哈根的隆隆炮聲，不僅使丹麥艦隊重創，武裝中立同盟也形同瓦解。納爾遜因戰功卓著，獲頒子爵的勳位，派克的職務也旋即被他取代了。

納爾遜機智對敵，繞開設防嚴密的對手，迂迴而進，給予敵人措手不及的打擊，取得預想的戰果。這次戰役體現了「以迂爲直」的謀略，也是「攻佔之法，從易者始」謀略的運用。

馬歇爾選拔艾森豪

在馬歇爾支持下，艾森豪成為盟軍最高統帥。慧眼識人對一項事業的成功是十分重要的，如果經過考察，認定對方是人才，就應不拘一格地提拔。

一九三九年，馬歇爾出任美國陸軍參謀長以後，就精心爲陸軍選拔人才。一九四一年七月，身爲上校的艾森豪被調到德克薩斯州的第三集團軍任司令部參謀長，在一次大規模的模擬演習中，受到司令克魯格將軍的賞識。正是這次演習結束後，馬歇爾要求克魯格推薦一名適合擔任陸軍作戰計劃處處長的人選。克魯格當即推薦了艾森豪，並且給了很高的評價。

馬歇爾便把艾森豪的名字記了下來。

不過，艾森豪的仕途上還有一層障礙，他長期跟隨麥克阿瑟，被人們看作是麥克阿瑟的人，而馬歇爾與麥克阿瑟兩人有些隔閡。儘管如此，馬歇爾仍然認為，個人的恩怨不應影響對艾森豪的任用。

回到華盛頓以後，馬歇爾把助手克拉克將軍召來，請他也推薦十名作戰計劃處處長的人選。克拉克說：「我很樂意做這件事，但我想推薦的只有一人。如果非要十個不可，我只能在此人的名字下面標上九個『同上』」。

「那麼，這個人是誰呢？」馬歇爾追問說。

「艾森豪！」

不久以後，馬歇爾便任命艾森豪為作戰計劃處副處長。

馬歇爾對艾森豪並不瞭解，想親自考察一下。艾森豪報到的那一天，馬歇爾簡明扼要地向他介紹了西太平洋上的軍事形勢，然後問道：「我們的行動方針應該是什麼？」

艾森豪沉默了一會兒說：「請讓我考慮幾小時。」幾小時後，他把結論告訴馬歇爾。這些結論和馬歇爾的想法一致，從此，馬歇爾便十分信任艾森豪。不久，馬歐爾又提升他爲作戰計劃處處長。

艾森豪擔任處長期間十分稱職，而且解決了許多以前未能解決的問題。一九四二年六月，在馬歇爾提議下，艾森豪越過了陸軍許多高級將領，成爲歐洲戰區司令。同年十一月，在馬歇爾推薦下，艾森豪被任命爲進攻北非的盟軍統帥。

艾森豪的私生活不夠檢點，在歐洲擔任戰區司令時，曾從倫敦選了一名美貌迷人的女司機，名義上爲艾森豪開車，實際上成了艾森豪的情婦。但這一切都沒影響馬歇爾對他的信任。一九四三年十二月，在馬歇爾支持下，艾森豪又成爲盟軍最高統帥。

戰後，美國陸軍部長史汀生十分欽佩馬歇爾慧眼識人的本領，曾對他說：「將軍，勝利的首功應該歸於您，因爲是您選擇了艾森豪。」

慧眼識人對一項事業的成功是十分重要的，如果經過考察，認定對方是人才，就應不拘一格地提拔。

錯用趙括，一敗塗地

在生死存亡的時刻，趙括卻無法靈活應變，只知道死死抱住「書本」不放，結果，士兵不但沒有突圍出去，趙括本人也被秦軍一箭射死。

西元前二六〇年四月至八月，秦國軍隊和趙國軍隊在長平（今山西高平縣）形成對峙。秦王利用離間計，使趙王認為統帥趙國大軍的老將廉頗膽怯畏戰，趙王於是派將軍趙括去替代他。

趙括是名將趙奢的兒子。趙括的母親聽說趙王要派趙括去取代老將廉頗，急忙上朝去見趙王，對趙王說：「他父親趙奢在世時，堅決反對讓他帶兵打仗，說他只會『紙上談兵』，不懂實戰，如果派他為將，趙軍必敗。請大王參酌他父親的意見，不要派他帶兵。」

趙王拒絕了趙母的建議。趙母於是請求趙王：「趙括此去必然要打敗仗，請大王看在他父親的面上，治罪的時候，不要連累我這個老太婆和其他親屬。」

趙括到達長平後，立即廢棄廉頗固守的策略，企圖一舉擊敗秦軍。秦軍正爲廉頗固守不戰一籌莫展，趙軍一出擊，秦軍就佯裝敗退，把趙軍完全引出廉頗苦心營造的壁壘，然後以二萬五千人切斷了趙軍退路，又派五千騎兵把趙軍斷爲兩截。

趙括只好下令就地築壘防禦，派人向趙王求兵增援。

秦昭王得知秦軍包圍了趙軍，下令徵發全國十五歲以上的青年全部開往長平，完全斷絕了趙括的援軍和糧道。在生死存亡的時刻，趙括卻無法靈活應變，只知道死死抱住「書本」不放，試圖分四路突圍，結果，士兵不但沒有突圍出去，趙括本人也被秦軍一箭射死。

趙軍失去主將，全部投降，秦軍將四十萬趙軍就地坑殺，只有二百四十個小孩被釋放回趙國。

長平一戰，趙國再也沒有兵力與秦軍抗衡，最後終於被秦國滅亡。

諸葛亮錯用馬謖失街亭

街亭一失，魏軍長驅直入，連諸葛亮也來不及後撤，被困於西城縣城之中，被迫演出了一場「空城計」。諸葛亮退回漢中，依照軍法將馬謖斬首示眾。

三國時期，司馬懿用計殺掉叛將孟達後，統率二十萬大軍殺奔祁山。諸葛亮在祁山大寨中聞知司馬懿統兵而來，急忙升帳議事。

諸葛亮道：「司馬懿此來，必定先取街亭，街亭是漢中的咽喉，街亭一失，糧道即斷，隴西一境不得安寧，誰能引兵擔此重任？」

參軍馬謖道：「卑職願往。」

劉備在世時曾對諸葛亮說：「馬謖言過其實，不可大用。」諸葛亮想起劉備的話，心中有些猶豫，便說：「街亭雖小，但關係重大。此地一無城郭，二無險阻，守之不易，一旦有失，我軍就危險了。」

馬謖不以爲然，說道：「我自幼熟讀兵書，難道連一個小小的街亭都守不了嗎？」又說：「我願立下軍令狀，如有差失，以全家性命擔保！」

諸葛亮見馬謖胸有成竹，於是讓他寫下軍令狀，撥給他二．五萬精兵，又派上將王平做馬謖的副手，並囑咐王平：「我知你平生謹愼，才將如此重任委託給你。下寨時一定要立於要道之處，以免魏軍踰越。」

馬謖和王平引兵走了之後，諸葛亮還是不放心，爲了保險起見，又對將軍高翔說：「街亭東北上有一城，名爲柳城，可以屯兵紮寨，今給你一萬兵，如街亭有失，可以率兵增援。」

高翔接令，領兵而去。

馬謖和王平來到街亭，看過地形後，王平建議在五路總口下寨，馬謖卻執意要在路口旁的一座小山上安寨。

王平說：「在五路總口下寨，築起城垣，魏軍即使有十萬人馬也不能踰越；如果在山上安寨，魏軍將山包圍，怎麼辦？」

馬謖笑道：「兵法上說：居高臨下，勢如破竹，到時候管教他魏軍片甲不存！」

王平又勸道：「萬一魏軍斷了山上水源，我軍豈不是不戰自亂？」

馬謖道：「兵法上說：置之死地而後生，魏軍斷我水源，我軍死戰，以一當十，不怕魏軍不敗！」

馬謖不聽王平勸告，執意上山下寨。王平無奈，只好率五千人馬在山西立一小寨，與馬謖的大寨形成犄角之勢，以便增援。

司馬懿率兵抵街亭，見馬謖下寨在山上，不由仰天大笑，「孔明用這樣一個庸才，眞是老天助我啊！」

司馬懿一面派大將張郃率兵擋住王平，一面派人斷絕了山上的飲水，隨後將小山團團圍住。

蜀軍在山上望見魏軍漫山遍野、隊伍威嚴，人人心中惶恐不安，馬謖下令向山下發起攻擊，蜀軍將士竟無人敢下山。不久，飲水點滴皆無，蜀軍將士更加惶恐不安。接著，司馬懿下令放火燒山，蜀軍一片混亂。

馬謖眼見守不住小山，拼死衝下山，殺開一條血路，向山西逃奔，幸得王平、高翔以及前來增援的大將魏延救助，方才得以逃脫。

街亭一失，魏軍長驅直入，連諸葛亮也來不及後撤，被困於西城縣城之中，被迫演出了一場「空城計」。

諸葛亮退回漢中，依照軍法將馬謖斬首示衆，又上表蜀後主劉禪，自行貶爲右將軍，以究自己用人不當之過。

莫里斯公司「拋玉引市」

唯有商品佔有市場，利益才會產生。「拋玉引市」要注意方法和講究策略，如果所拋出的「玉」毫無目的、毫無方向，這塊「玉」就白拋了。

美國的菲利浦·莫里斯公司是以生產香煙和食品、飲料的跨國公司，總部設在紐約，生意遍及五大洲，年營業額超過百億美元。

莫里斯公司長期以來把贊助視爲一種有效的推銷術，每年都制定贊助計劃，撥出大量財力和人力支持世界各國的一些文化活動。它贊助的範圍很廣，包括美術、音樂、舞蹈、戲劇……等。

這家以生產香煙和食品的公司，每年花鉅款去贊助與經營項目毫不相干的事情，眼光短淺的人認為這是白費錢或愚蠢之舉。然而，菲利浦．莫里斯公司董事會主席兼首席執行官哈米什．麥斯威爾則認為：「我們作為社會的一員，除了像其他公司一樣生產產品，提供勞務和就業機會，向政府納稅，為股東增加利潤外，我們還懂得社會的其他需要。為此，我們準備履行和我們公司的地位相適應的義務，為社會福利做出貢獻。」

他還進一步解釋說：「沒有社會的發展，就不可能有商業的繁榮。對於一個公司來說，參與社會發展比單純追求經濟利益更為重要。」

該公司就是通過贊助文化活動，使公司與社會的關係更密切，從而擴大公司的影響和知名度，反過來促進產品銷售。

事實證明，這項策略確實發揮了這兩方面的作用。例如，「萬寶路」香煙在泰國市場原來是沒有銷路的，自從它贊助了「大都會環球歌劇使者」在泰國和東南亞巡迴演出以後，逐漸打開了該國的市場。

贊助表面上是企業出了錢，事實上，出錢的還是消費者和各國政府的稅收部門。市場的法則是：「非見利不起兵」、「見利則動，無利則止」，但利與市是相連的，唯有商品佔有市場，利益才會產生。莫里斯公司的做法，其實是典型的「拋玉引市」。

「拋玉引市」要注意方法和講究策略，如果所拋出的「玉」毫無目的、毫無方向，這塊「玉」就白拋了。拋「玉」意在提高拋玉者的影響，進而在已佔有的市場上提高自己的企業形象。

唐太宗知人善任

由於唐太宗知人善任，在他主政的貞觀時期，出現了人才濟濟、群星燦爛的局面。他依靠這些人，使得大唐帝國富強昌盛。

唐太宗李世民是歷史上知名的雄才大略的皇帝，在人才思想及實踐方面均有重要的建樹。

他總結了歷史上人才得失決定事業興亡的深刻教訓，提出了「以銅為鑑，可以正衣冠；以古為鑑，可以知興替；以人為鑑，可以明得失」的著名觀點，做出了「為政之要，惟在得人」的論斷。

唐太宗李世民即位以後，原先的老部屬紛紛向他伸手要官。為此，他公開申明：

「用人事關重大，必須大公無私，以德才為標準，不能按照關係的親疏和資格的新舊來確定官職的大小。」又說：「我的用人標準不是任人唯親、唯故，而是任人為賢、唯才。」

唐太宗用人不拘一格，不講出身，不分親疏和新舊，只要確實有突出才幹，即使是原先的仇敵，也要極力爭取過來。

例如，魏徵、王珪，都是李建成集團中的知名人物，他不記前嫌，拋棄舊怨，放手使用；曾為王世充部下的戴冑，也被任命為戶部尚書，參與朝政；曾給謀反被殺的李密披麻戴孝、收葬屍骨的李勣，也同樣受到重用。

唐太宗還十分注意那些出身寒門庶族的傑出人才，把他們提拔到中央政府，開闢了官資淺、門戶低的人擔任宰相的途徑。

在他的朝廷大臣中，有出身於農民而官至刑部尚書的張亮，有打鐵匠出身而任右武候大將軍的尉遲敬德，有白布衣而為卿相的馬周，還有來自少數民族的黑齒常之、契何力等等。

唐太宗堅信：「官在得人，不在員多。」

他任用官員，寧可少而精，不可多而濫。他對各級政府機構、官員數額均做出明確規定，把中央各官府的官員從二千多人壓縮到六百多人，也對亂置機構、私設官員的人，制定了懲罰條款。

唐太宗非常注意求賢擇善，保證官員的品質，要求宰相不要不分輕重緩急，把大量的時間都消磨在雞毛蒜皮的小事上，而要「廣開耳目，求訪賢哲」，把主要注意力放在發現人才、使用人才。

對於地方官吏的選拔和任用，唐太宗也十分重視。

各州刺史都由他親自選拔，各縣縣令也要有五品以上的官員保舉。他還把全國各地都督、刺史的名字都寫在寢室的屏風上，隨時將他們的政績和過失記錄在上面，作爲提升和貶降的參考。

他再三強調說：「都督、刺史各掌管一個地區的軍、政大權，他們的好壞直接關係到一個地方的治與亂，尤其需要委派稱職的人，絲毫不能掉以輕心。」他經常派出黜陟使到各地考察地方官員，有時還親自考察。

唐太宗大力提倡和鼓勵年邁體衰的老臣去職休息，以便年富力強的人才上來。

貞觀八年，開國元勳李靖自感年事已高，向唐太宗提出告老歸第的請求。唐太宗讚揚他說：「自古到今，身居富貴而能知足的人很少。不少人缺乏自知之明，能力雖然不夠，也要勉強占著官位，縱然年邁多病，也不肯遜位讓賢。您能顧大局、識大體，實在難能可貴。我滿足您的要求，不僅僅是爲了成全您的雅志，更重要的是想把您樹立爲一代楷模啊。」

由於唐太宗知人善任，在他主政的貞觀時期，出現了人才濟濟、群星燦爛的局面。他依靠這些人，使得大唐帝國富強昌盛，成爲中國歷代封建王朝中最強盛的一個朝代。

【虛實篇】

【原文】

孫子曰：凡先處戰地而待敵者佚，後處戰地而趨戰者勞。故善戰者，致人而不致於人。能使敵人自至者，利之也；能使敵人不得至者，害之也。故敵佚能勞之，飽能饑之，安能動之。

出其所不趨，趨其所不意。行千里而不勞者，行於無人之地也；攻而必勝者，攻其所不守也；守而必固者，守其所不攻也。故善攻者，敵不知其所守；善守者，敵不知其所攻。微乎微乎，至於無形；神乎神乎，至於無聲。故能為敵之司命。

進而不可禦者，沖其虛也；退而不可追者，速而不可及也。故我欲戰，敵雖高壘深溝，不得不與我戰者，攻其所必救也；我不欲戰，畫地而守之，敵不得與我戰者，乖其所之也。

故形人而我無形，則我專而敵分；我專為一，敵為分十，是以十攻其一也，則我眾而敵寡；能以眾擊寡者，則吾之所與戰者約矣。吾所與戰之地不可知，不可知，則敵所備者多；敵所備者多，則吾所與戰者寡矣。

故備前則後寡，備後則前寡；備左則右寡，備右則左寡；無所不備，則無所不寡。寡者，備人者也；眾者，使人備己者也。

故知戰之地，知戰之日，則可千里而會戰；不知戰地，不知戰日，則左不能救右，右不能救左，前不能救後，後不能救前，而況遠者數十里，近者數里乎？以吾度之，越人之兵雖多，亦奚益於勝敗哉？故曰：勝可為也。敵雖眾，可使無鬥。

故策之而知得失之計，作之而知動靜之理，形之而知死生之地，角之而知有餘不足之處。故形兵之極，至於無形；無形，則深間不能窺，智者不能謀。因形而錯勝於眾，眾不能知；人皆知我所以勝之形，而莫知吾所以制勝之形。故其戰勝不復，而應形於無窮。

夫兵形象水，水之形，避高而趨下；兵之形，避實而擊虛。水因地而制流，兵因敵而制勝。故兵無常勢，水無常形；能因敵變化而取勝者，謂之神。故五行無常勝，四時無常位，日有長短，月有死生。

【注釋】

凡先處戰地而待敵者佚：處，佔據。佚，即「逸」，指安逸、從容。此句言在作戰中，若能率先佔據戰地，就能使自己處於以逸待勞的主動地位。

後處戰地而趨戰者勞：趨，奔赴，此處爲倉促之意。趨戰，倉促應戰，此句意爲作戰中若後據戰地倉促應戰，則疲勞被動。

致人而不致於人：致，招致、引來。致人，調動敵人。致於人，爲敵人所調動。

能使敵人自至者，利之也：利之，以利引誘。意謂能使敵人自來，乃是以利引誘的緣故。

能使敵人不得至者，害之也：害，妨害、阻撓之意。此句意思是：能使敵人不得到達戰地，乃是牽制敵人的結果。

勞之：勞，使之疲勞。

安能動之：言敵若固守，我就設法使它移動。

出其所不趨：出，出擊。出兵要指向敵人無法救援的地方，即擊其空虛。不，這裡當作無法、無從之意解。

行千里而不勞者，行於無人之地也：無人之地，喻敵虛懈無備之處。意謂我行軍千里而不致勞累，乃因行於敵虛懈無備處之故。

攻而必取者，攻其所不守：言出擊而必能取勝，是由於所出擊的是敵人防守空虛之地。

守而必固者，守其所不攻也：言防守必定鞏固，因爲所守之處是敵人無法攻取的地方。

故善攻者，敵不知其所守；善守者，敵不知其所攻：此句謂善於進攻的軍隊，敵人不知防守何處；善於防守的軍隊，敵人不知進攻何處。

微乎微乎，至於無形：微，微妙。此句謂虛實運用微妙極致，則無形可睹。

神乎神乎，至於無聲：神，神奇、神妙。意思爲：虛實運用神奇之至，則無聲息可聞。

司命：命運之主宰者。

進而不可禦者，沖其虛也：禦，抵禦。沖，攻擊、襲擊。虛，虛懈之處。本句意思是：我軍進擊而敵人無法抵禦，是由於攻擊點正是敵之虛懈處。

退而不可追者，速而不可及也：速，迅速、神速。及，趕早、迫上。此句意爲我軍後撤而敵人不能追擊，是由於我後撤迅速，敵人追趕不及。因此，撤退的主動權也操於我手。

故我欲戰……攻其所必救也：必救，必定要救援之處，喻利害攸關之地。此句意爲由於我軍已把握了戰爭主動權，故當我軍欲與敵人進行決戰時，敵人不得不應戰。之所以如此，是因爲我所選擇的攻擊點，是敵之要害處。

畫地而守之：畫，界限，指畫出界限。畫地而守，即據地而守，喻防守頗易。

乖其所之也：乖，違、相反，此處有改變、調動的意思。之，往、去。句意謂調動敵人，將其引往他處。

故形人而我無形：形人，使敵人現形。形，此處作動詞，顯露的意思。我無形，即我隱蔽無形跡。

我專而敵分：我軍專一、集中而敵人分散。

是以十攻其一也：指我軍在局部上對敵人擁有以十擊一的絕對優勢。

吾之所與戰者約矣：約，少、寡。此句言能以衆擊寡，則我欲擊之敵必定弱小有限，難以作爲。

吾所與戰之地不可知：即我準備與敵人作戰之地點，敵人無從知曉。

不可知，則敵所備者多；敵所備者多，則吾所與戰者寡矣：此句意爲我軍欲與敵人交戰之地，敵人既無從知曉，就不得不多方防備，這樣，敵人兵力勢必分散；敵人兵之既已分散，則與我軍交戰之敵就弱小且容易戰勝了。

無所不備，則無所不寡：如果處處設防，必然是處處兵力寡弱，陷入被動。

寡者，備人者也：言兵力之所以相對薄弱，在於分兵備敵。

眾者，使人備己者也：言兵力所以佔有相對優勢，是因爲迫使對方分兵備戰。

故知戰之地，知戰之日，則可千里而會戰：如能預先瞭解掌握戰場的地形條件與交戰時間，則可以開赴千里與敵人交戰。

不知戰地……近者數里乎：若是不能預先知道戰場的條件與作戰之時機，則前、後、左、右自顧不暇，不及相救，何況作戰行動往往是在數里甚至數十里方圓範圍內展開的。

以吾度之：度，推測、推斷。

越人之兵雖多：越人之兵，越國的軍隊。春秋時期，晉、楚爭霸，晉拉攏吳國以牽制楚國，楚則利用越國來抗衡吳國，吳、越之間長期征伐不已。孫子爲吳王論兵法，自然以越國為吳的假想作戰對象。

亦奚益於勝敗哉：奚，何、豈。益，補益、說明。謂越國軍隊人數雖衆，然不能知衆寡分合的運用，豈利於其取勝之企圖？

勝可為也：為，造成、創造、爭取之意。即言勝利可以積極造成。《軍形篇》中，孫子從戰爭的客觀規律角度發論，曰：「勝可知而不可為」。此處從主觀能動性角度發論，認為只要充分發揮主觀能動性，勝利是可以造成的，即言「勝可為」，兩者之間並不矛盾。

敵雖眾，可使無鬥：言敵人雖多，然而因我擁有主動權，因而我方能創造條件，使敵無法與我較量。

策之而知得失之計：策，策度、籌算。得失之計，即敵計之得失優劣。此言我當仔細籌算，以瞭解判斷敵人作戰計劃之優劣。

作之而知動靜之理：作，興起，此處指挑動。動靜之理，指敵人的活動規律。意為挑動敵人，藉以瞭解其活動的規律。

形之而知死生之地：形之，以偽形示敵。死生之地，指敵之優勢所在或薄弱環節、致命環節。地，同下文「處」，非實指戰地。意思是以示形於敵的手段，來瞭解敵方的優劣環節。

角之而知有餘不足之處：角，量、較量。有餘，指實、強之處。不足，指虛、弱之處。此言要通過對敵做試探性較量，來掌握敵人虛實強弱情況。

故形兵之極，至於無形：形兵，指軍隊部署過程中的偽裝佯動。言我示形於敵，使敵不得其真，以至形跡俱無。

深間不能窺，智者不能謀：間，間諜，深間指隱藏極深的間諜。窺，刺探、窺視。意思是示形佯動達到最高境界，則敵之深間也無從推測底細，聰明的敵人也束手無策。

因形而錯勝於眾：因，由、依據。因形，根據敵情而靈活應變。錯，同措，放置、安置之意。依據敵情而取勝，將勝利置於衆人面前。

人皆知我所以勝之形：人們只知道我克敵制勝的情況。形，形狀、形態，這裡指作戰方式方法。

而莫知吾所以制勝之形：可是無從得知如何克敵取勝的內在奧妙。制勝之形，取勝的奧妙、規律。

故其戰勝不復：復，重複。意為克敵制勝的手段不曾重複。

應形於無窮：應，適應。形，形狀、形態，此處特指敵情。

兵形象水：此言用兵的規律如同水的運動規律一樣。兵形，用兵打仗的方式方法，也可理解為用兵的規律。

兵之形，避實而擊虛：即用兵的原則是避開敵人堅實之處，攻擊對方空虛薄弱的地方。

水因地而制流，兵因敵而制勝：制，制約、決定。制勝，制服敵人以取勝。此句意為水之流向受地形高低不同制約，作戰中的取勝方法則依據敵情不同來決定。

兵無常勢，水無常形：即用兵打仗無固定刻板的態勢，似流水一般並無一成不變之形態。勢，態勢。常勢，固定的態勢。常形，一成不變的形態。

能因敵變化而取勝者，謂之神：意謂若能依據敵情變化而靈活處置以取勝，則可視之為用兵如神。

故五行無常勝：五行，木、火、土、金、水。古代認為這是物質組成的基本元素。戰國五行學說認爲這五種元素的彼此關係是相生又相剋的。孫子此言謂其相生相剋間變化無定數，如用兵之策略奇妙莫測。

四時無常位：四時，指四季。常位，指一定的位置。此言春、夏、秋、冬四季推移變換永無止息。

日有長短，月有生死：日，指白晝。死生，指月盈虧晦明的月相變化。句意謂白晝因季節變化有長有短，月亮因循環而有盈虧晦明。此處孫子說五行、四時及日月變化，均是「兵無常勢，盈縮隨敵」之意。

【譯文】

孫子說：凡先佔據戰場，等待敵人到來的就掌握主動權，以逸待勞，而後到達戰場倉促應戰的就處於疲備、被動狀態。所以，善於指揮作戰的人，總是能夠調動敵人而不被敵人所調動。

能夠使敵人自動進到我預定地域的，是用小利引誘的緣故；能夠使敵人不能抵達預定領域的，則是設置重重困難阻撓的緣故。敵人休整得好，就設法使之疲勞；

敵人糧食充足，就設法使之饑餓；敵人駐紮安穩，就設法使之移動。

要出擊敵人無法馳救的地方，要奔襲敵人未曾預料之處。行軍千里而不勞累，是因爲行進的是敵人沒有防備的地區；進攻而必定能夠取勝，是因爲進攻的是敵人不曾防禦的地點；防禦而必能穩固，是因爲扼守的是敵人無法攻取的地方。所以，善於進攻的，能使敵人不知道該如何防守；善於防禦的，能使敵人不知道該怎麼進攻。微乎其微，微妙到看不出任何形跡！神乎其神，神奇到聽不見絲毫聲音！所以，我能夠成爲敵人命運的主宰。

前進而使敵人無法抵禦的，是由於襲擊敵人懈怠空虛的地方；撤退而使敵人不能追擊的，是因爲行動迅速而使得敵人追趕不及。所以，我軍要交戰時，敵人即使高壘深溝也不得不出來與我交鋒，這是因爲我們攻擊了敵人必救的地方；我軍不想交戰時，據紮一個地方防守，敵人也無法和我軍交鋒，這是因爲我們誘使敵人改變了進攻方向。

要使敵人顯露實情而我軍不露痕跡，這樣我軍兵力就可以集中，而敵人兵力卻不得不分散。我們的兵力集中在一處，敵人的兵力分散在十處，這樣我們就能以十倍於敵的兵力去進攻敵人，造成我衆而敵寡的有利態勢。能做到集中優勢兵力攻擊劣勢的敵人，那麼和我軍正面交戰的敵人也就有限了。

我們所要進攻的地方，敵人很難知道，既無從知道，那麼所需要防備的地方就多了；敵人防備的地方愈多，那麼我們所要進攻的敵人就愈單薄。防備了前面，後面的兵力就薄弱；防備了後方，前方的兵力就薄弱；防備了左邊，右邊的兵力就薄弱；防備右邊，左邊的兵力就薄弱。處處加以防備，就處處兵力薄弱。兵力之所以薄弱，是因爲處處分兵防備；兵力之所以充足，是因爲迫使對方處處分兵防備。

所以，如能預知交戰的地點，預知交戰的時間，那麼即使跋涉千里也可以去和敵人會戰。要是不能預知在什麼地方打，不能預知在什麼時間打，那麼就會導致左翼救不了右翼，右翼救不了左翼，前面不能救後面，後面不能救前面的情況，何況想要在遠達數十里、近在數里的範圍內做到應付自如呢？

依我分析，越國的軍隊雖多，但對決定戰爭的勝負又有什麼助益呢？所以說，勝利是可以設計製造的，敵軍雖多，可以使它無法和我們較量。

所以，要經過認眞籌算，分析敵人作戰計劃的優劣和得失；要透過挑動敵人，瞭解敵人的活動規律；要通過佯動示形，試探敵人生死命脈的所在；要通過小型交鋒，瞭解敵人兵力的虛實強弱。

佯動示形進入最高的境界，就再也看不出什麼痕跡。看不出形跡，那麼，即使是深藏的間諜也窺察不了底細，老謀深算的敵人也想不出對策。

根據敵情變化而靈活運用戰術，即便把勝利擺放在眾人面前，眾人仍然不能看出其中的奧妙。人們只能知道我用來戰勝敵人的辦法，但卻無從知道我是怎樣運用這些辦法出奇制勝的。所以每一次勝利，都不是簡單的重複，而是適應不同的情況，變化無窮。

用兵的規律就像流水，流水的屬性是避開高處而流向低處，作戰的規律是避開敵人的堅實之處而攻擊敵之弱點。水因地形的高低而制約其流向，作戰則根據不同的敵情而制定取勝的策略。所以，用兵打仗沒有固定刻板的態勢，正如水的流動不曾有一成不變的形態一樣。能夠根據敵情變化而靈活機動取勝的，就可叫做用兵如神。五行相生相剋沒有固定的常勝，四季輪流更替也沒有哪個季節固定不變，白天有長有短，月亮也有圓有缺，正是「兵無常勢，盈縮隨敵」。

【第1章】

善戰者，致人而不致於人

《孫子兵法》強調：「善戰者，致人而不致於人」，即善於用兵打仗的人，必須懂得爭取主動權、擺脫被動的態勢。這句話是全篇的要旨，揭示了一切戰爭中的普遍性規律。

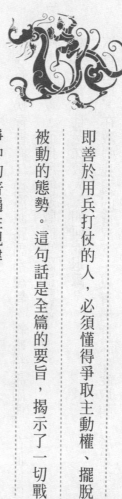

狄青和韓世忠的奇謀

這次的奇襲正是奇在突如其來，第一個突然是攻擊時間的突然，沒有絲毫預兆，第二個突然是伏兵突然攻打敵人中軍，對敵人造成莫大的威懾。

宋代名將狄青曾擔任過涇源路副都總管、經略招討副使。在他任內，有一次西夏軍隊大舉進攻，而他所能迎戰的軍隊爲數甚少。

敵強我弱，且懸殊較大，如何能退敵？

狄青認爲，在敵強我弱的情況下，只有出奇謀才能取勝，於是命令部下盡棄弓弩，全部配帶短兵器。同時，一反常規，改變了鉦鼓的信號，規定聽到鉦鼓一響就停止前進，再響則嚴陣以待，然後又佯爲退卻，鉦鼓一停，則立即返身殺向敵軍。

兩軍接觸之後，西夏兵見到宋朝軍隊不像往常那樣聞鼓而進，反而聞鼓退卻，以爲是狄青和宋軍嚇破了膽，都放聲大笑，不做絲毫戒備。宋軍在鉦鼓聲停止後，突然返身衝鋒，一時間殺聲震天，西夏兵頓時驚愕，手忙腳亂，士兵們互相踐踏，死傷者不計其數。

狄青以奇謀取得了以少勝多的戰績。

一反常規，聞鼓而退，鼓停而攻，這種計策造成了敵人的不知所措，西夏兵敗就敗在對敵人以常規考慮，而毫無警惕。

南宋時候，名將韓世忠奉命前去討伐佔據蘄陽白面山的劉忠。韓世忠率軍到了白面山下，卻不急於發起攻擊，而是先飲酒下棋，堅壁清野，表面上無所事事，暗地裡卻派出密探四出偵察，掌握了敵人的大量情報。

掌握了敵軍情報後，韓世忠便打算以奇取勝，出敵不意地部署兵力。

某天夜裡，韓世忠埋伏精兵二千人於白面山下，約定第二天官兵大部隊與劉軍交戰時，衝擊敵人中軍，奪取敵人瞭望台。

第二天天剛亮，韓世忠即引全軍向劉忠發起總攻擊。由於事前沒有一點跡象顯示官兵要發動進攻，突如其來的襲擊，使劉忠像熱鍋上的螞蟻，將全部人馬拉出對付韓世忠。

這時，千載難逢的機會到了，伏兵見劉忠後方空虛，立即攻入中軍，迅速控制了瞭望樓，換上官軍的旗幟，並齊聲吶喊。與官軍正戰得激烈的劉忠部隊，聽到瞭望台上官軍的喊叫，知道大勢已去，無心戀戰，紛紛奪路而逃。劉軍大敗，劉忠自己則投奔了劉豫。

這次的奇襲正是奇在突如其來，第一個突然是攻擊時間的突然，沒有絲毫預兆，第二個突然是伏兵突然攻打敵人中軍，對敵人造成莫大的威懾。

奇特的搜索行動

找到準確的思路，才有可能找到最成功的策略，而且在制定戰略的時候，必須打破常規，從逆向的思維考慮，這才是出奇制勝之道。

一九四三年二月底，西南太平洋盟軍總司令部獲得情報，日軍第十八軍所屬第五十一師團將於三月一日從新不列顛的拉包爾出發，經俾斯麥海，去增援新幾內亞萊城一線的日軍部隊。

接到情報後，盟軍總司令部決定主動進攻，出動空軍轟炸截擊這支船隊。具體行動由西南太平洋盟軍空軍司令喬治．肯尼負責。

從拉包爾到萊城有南北兩條航線，距離基本上差不多，大約需三天時間。從近期的海域天氣情況看，最近幾天南線的天氣晴朗，而北線將是陰雨不斷。情報本身沒有提供日軍船隊的具體路線，南北二條航線相距甚遠，加上海域寬廣，肯尼將軍可以調用的偵察機數量又不多，很難同時搜索南北兩條航線。那麼，在不知道日軍船隊航線的情況下，要如何開展搜索，並且在最短的時候內發現日軍船隊呢？

肯尼將軍的參謀人員運用了運籌學的方法找到了四種方案：

一、由偵察機組成的搜索力量集中在南線，而日軍船隊也走南線。南線天氣晴朗，搜索的飛機也多，那麼即可在較短時間內發現日軍船隊，也就有將近三天的時間對船隊進行轟炸。

二、搜索力量仍然集中在南線，而日軍船隊卻走了北線。北線上數量很少的偵察機在惡劣的天氣中可能要花費兩天的時間才能發現目標，那麼，留給轟炸行動的時間僅有一天了。

三、搜索力量集中在北線，而日軍船隊走了南線。雖然南線天氣晴朗，但因搜索力量集中在北線，南線上的數量很少的偵察機發現日軍船隊至少也要一天時間。

那樣，留給轟炸行動仍有兩天時間。

四、搜索力量仍然集中在北線，日軍船隊也走北線。北線天氣惡劣，能見度低，但由於搜索主力擁有較多的偵察機，有可能在一天之內即發現日軍船隊，即可爭取到兩天的時間進行。

很清楚，從盟軍的角度出發，第一種方案最理想；但從日軍的立場看，面對盟軍強大的空中優勢，最安全的路線是北線。

運籌的結果是，敵人不會按照有利於對手的情況來安排自己的行動。因此，搜索方案就應按敵人的考慮去選擇。

於是，肯尼將軍決定，把執行搜索任務的偵察機集中在北線，並在北線如期發現了由八艘驅逐艦和八艘運輸艦組成的日軍船隊。

喬治·肯尼將軍立即命令第五航空隊出動，在俾斯麥海上的達姆波爾海峽海域對日軍船隊進行了三次轟炸。

只有少量零式戰鬥機掩護的日軍船隊在茫茫海面上無處可藏，負責護航的驅逐艦在猛烈的攻勢下自顧不暇。結果，八艘運輸艦中的七艘，護航艦隊中的三艘驅逐艦被炸沉在俾斯麥海滔滔的海水中，而準備增援萊城的日軍第五十一師團和船艦上的海軍士兵，有三千六百六十四人葬身魚腹，二千四百二十七人在轟炸結束後，從燃燒著的海面上被救起，返回拉包爾。

最後，僅有不足八百人到達了目的地——萊城。

一個謀略的成功不僅僅要求謀略本身正確，還要求謀劃的方法正確。找到準確的思路，才有可能找到最成功的策略，而且在制定戰略的時候，必須打破常規，從逆向的思維考慮，這才是出奇制勝之道。

赫魯雪夫的雷霆手段

赫魯雪夫在制伏貝利亞的奪權行動中，集中所有的力量，團結可以團結的盟友，以雷霆手段攻擊毫無防備的對手，最後一舉成功。

史達林死後，蘇共中央主席團的幾位委員立即來到莫斯科近郊的孔策沃別墅，默默地在史達林的遺體旁守候了一段時間，隨後陸續離去。

最先離開別墅的是馬林科夫和貝利亞，然後是莫洛托夫和卡岡諾維奇，最後是米高揚和赫魯雪夫等人。這些人是史達林去世後，蘇聯共產黨和國家的最高領導者，其中，馬林科夫是部長會議主席，貝利亞則是KGB的首腦。

就實力而言，掌握特務系統的貝利亞能將這些人置於死地。

資歷深厚的米高揚對後起之秀赫魯雪夫說：「貝利亞回莫斯科肯定要奪權，到那個時候……」

「只要有這個壞蛋在，誰也不得安寧！」赫魯雪夫當然知道米高揚的潛台詞，「我們要研究一下，必須把他搞掉！」

回到莫斯科，赫魯雪夫開始了緊張又緊湊的活動。他逐個找主席團的委員們談話，爭取他們的支持。

其中，找馬林科夫談話是最危險的——他是貝利亞的朋友，私交不錯。馬林科夫不但是部長會議主席，還主持黨中央主席團的會議，沒有馬林科夫支持，赫魯雪夫將難以成事。

也許是馬林科夫也對貝利亞手中至高無上的權力感到惴惴不安，一想起貝利亞的兇狠目光就膽寒，在這個生死關頭，他同意赫魯雪夫搞掉貝利亞的計劃。

赫魯雪夫決定在主席團會議上逮捕貝利亞。他撤換了主席團會議室入口處的警衛，換上了最可靠的軍官，然後找到在衛國戰爭中立下卓越戰功的朱可夫元帥，對他說：「朱可夫同志，今天要逮捕貝利亞這個壞蛋，你現在什麼也不要問，以後我再跟你說。」

朱可夫仍然問了一句：「需要我做什麼？」

「你帶上幾位將軍從西門進來，在主席團會議室的接待室等我的電鈴……」

事情就這樣決定了。

就在赫魯雪夫大肆活動的時候，權勢在史達林一人之下的貝利亞依舊我行我素。他太相信ＫＧＢ了，以致對赫魯雪夫的行動一無所知；他又太飛揚跋扈了，以致連多年的老友馬林科夫也拋棄了他。

一切都按照赫魯雪夫的計劃進行著。貝利亞進入會議室後，懶洋洋地在靠背椅上坐下，問道：「今天的議程是什麼？」

馬林科夫臉色慘白，緊張得嘴都張不開。赫魯雪夫見狀，急忙站了起來，堅決地說：「今天的議程只有一個問題，那就是：關於帝國主義代理人貝利亞的反黨分裂活動。我建議撤銷貝利亞的主席團委員和中央委員的職務，把他開除出黨，送交軍事法庭，誰贊成？」

赫魯雪夫說完，立即舉起了一隻手。隨後，馬林科夫、伏羅希洛夫、米高揚、卡岡諾維奇等人也都舉手表示贊成。

貝利亞目瞪口呆。

赫魯雪夫迅速按響了電鈴，朱可夫元帥與莫斯科軍區司令莫斯卡連科舉著手槍衝了進來。

赫魯雪夫喊道：「逮捕這個壞蛋，他是祖國的叛徒，把他押下去！」

貝利亞臉色鐵青，喊道：「朱可夫同志，怎麼回事？」

朱可夫威嚴地吼了一聲：「不許說話！」

貝利亞被押出會議室，從此永遠退出了歷史的舞台。

赫魯雪夫在制伏貝利亞的奪權行動中，集中所有的力量，團結可以團結的盟友，以雷霆手段攻擊毫無防備的對手，最後一舉成功。

晉厲公果斷出擊

戰鬥迅速結束，其他盟軍將士尚未投入實戰，晉國就取得勝利。晉秦麻隧之戰是春秋戰爭史上，雙方投入兵力最多而又結束戰鬥最快的一戰。

西元前五八〇年，晉厲公與秦桓公簽訂了結盟文書，但墨跡未乾，秦軍就背棄誓言，向晉國發起攻擊。

晉厲公認爲秦軍無德無義，於是宣佈與秦國絕交，並發表了「伐秦宣言」，聯宋、齊等八個盟國的軍隊伐秦。

戰前，晉厲公與諸將和謀臣做了精密的策劃，一致認爲：晉國雖然能聯合八個盟國出兵，但這種聯合是鬆散、暫時的；楚國與秦國是盟友，如果不是爲了對付吳國，它很可能會出兵幫助秦國。鑑於這種情況，戰爭應該速戰速決，一次攻擊就應成功，否則，難免夜長夢多。

這年的五月，晉厲公集本國大軍和盟軍共十二萬人，直逼秦境，在涇水東岸的麻隧列陣，決心乘秦軍東渡涇水，立足未穩之機，給秦軍毀滅性的攻擊。

秦桓公見晉軍逼近國境，急忙調集各路人馬約七萬餘人匆匆東渡涇水。晉厲公見秦軍陸續登岸，亂哄哄地準備佈陣，正是實施打擊的好時機，立即擂鼓進軍，以排山倒海之勢向秦軍發起強攻。

秦軍慌忙應戰，亂作一團，短兵相接後即刻大敗。

秦軍背靠涇水，敗兵爭先跳入涇水逃命，溺死無數。晉軍以雷霆之勢將涇水以東的秦軍全部殲滅，戰鬥迅速結束，其他盟軍將士尚未投入實戰，晉國就取得勝利。

晉秦麻隧之戰是春秋戰爭史上，雙方投入兵力最多而又結束戰鬥最快的一戰。

漢高祖劉邦擊敗項羽

項羽東撤，劉邦利用項羽疏忽麻痺，突然發起追擊。十二月，漢軍將項羽圍於垓下，項羽率八百騎南逃，被漢軍追及，自刎於烏江。

西元前二〇四年四月，項羽圍攻滎陽，劉邦危在旦夕。幸虧紀信自願當替身，出東門詐稱投降項羽，劉邦才得以率數十騎從西門逃到關中。

劉邦收攏關中之兵，汲取過去與項羽正面對壘的教訓，並不急於奪回滎陽、成皋，而是出兵宛（今河南南陽）、葉（今河南葉縣），意在誘調項羽南下，再襲擊他的後方。

項羽果然中計，拔滎陽、破成皋後，不挺進關中，而是南下求戰。這時，劉邦令在黃河沿岸活動的彭越急襲下邳（今江蘇邳縣），威脅楚都彭城。項羽回軍急救，劉邦趁機奪回了滎陽、成皋。

項羽擊退彭越後，再度揮師西進，竭盡全力破滎陽、成皋。到了鞏縣，劉邦深溝高壘，消耗楚軍，楚軍無力西進。劉邦再命劉賈、彭越攻佔睢陽（今河南商丘縣南）等十七城，切斷楚軍前後方聯繫。

項羽不得已，留大司馬曹咎守成皋，自己回軍東救。

劉邦趁項羽東還，再次奪得成皋。

項羽聞訊，第三次揮兵西進。由於被劉邦調動長距離東奔西跑，項羽的部隊疲於奔命，力量分散，實力大減，無力再破成皋，不得不在廣武（今河南滎陽縣東北）與漢軍對峙。

雙方堅持數月，項羽求戰不得，欲退不能，喪失了戰場的主動權。與此同時，在北方，劉邦以韓信率主力攻破魏、代、趙、燕，直指齊國，勢如破竹；在南方，劉邦爭取九江王英布成功。

項羽陷於多面受敵的不利境地，最後被迫與劉邦訂立和約，劃鴻溝為界，西屬漢，東屬楚。

西元前二〇三年九月，項羽東撤，劉邦利用項羽疏忽麻痺，突然發起追擊。但追至固陵（今河南淮陽西北）時，漢軍因將領觀望，各軍未能協調一致，遭到楚軍反擊，大敗。

劉邦立即記取教訓，對彭越、韓信加官晉爵，調動其積極性。於是，韓信一戰而下彭城，迫使項羽向東南敗退。十二月，漢軍將項羽圍於垓下，項羽率八百騎南逃，被漢軍追及，自刎於烏江。

李嗣源繞道救幽州

出其不意，反其道而行，在不利的局勢中，為自己製造取勝的契機，無論戰場上，還是生意場上，都是克敵致勝的妙計。

五代時期，契丹首領耶律阿保機率三十萬大軍包圍了北方軍事重鎮幽州（今北京市西南）。晉王李存勖派大將李嗣源統率七萬人馬增援，解幽州之圍。

李嗣源與諸將商議進軍之計，分析說：「敵人多是騎兵，人數眾多，又已先處戰地，外出遊騎沒有輜重之憂，而我軍多是步兵，人數又少，還必須有糧草隨軍而行。如果在平原上與敵人相遇，敵軍只需把我軍糧草截走，我軍就會不戰自潰，更不用說用騎兵來衝擊我們了！」

針對這種不利情況，李嗣源從易州出發，不是走東北直奔幽州，而是先向正北，越過大房嶺（今河北房山縣西北），然後沿著山澗向東走。

李嗣源率大軍餐風飲露，日夜兼程，一直行進到距幽州只剩下六十里遠的地方，突然與一支契丹騎兵遭遇，契丹人才發現晉軍派來了救兵。

契丹兵大吃一驚，慌忙向後撤退，李嗣源與養子李從珂率領三千騎兵緊隨契丹人的身後，晉軍大部隊則緊緊跟隨在李嗣源的騎兵後面。不同的是，契丹騎兵行走在山上，晉軍行走在山澗中。

行至山口，契丹萬餘騎兵擋住了去路。李嗣源知道成敗在此一舉，摘掉頭盔，用契丹語向敵人喊道：「你們無故侵犯中國，晉王命我率百萬之眾，直搗兩樓（契丹首府），將你們全部消滅！」

說完，李嗣源一馬當先，衝入敵陣，斬殺契丹酋長一名。眾將士見主帥身先士卒，群情激奮，鬥志倍增，紛紛殺入敵陣。契丹騎兵被迫向後退卻，晉軍的大部隊乘機走出山口。

出山之後即是一馬平川的大平原。由於失去山地的保護，極易遭受騎兵攻擊，李嗣源命令步兵砍伐樹枝作爲鹿砦，人手一枝，每當部隊停下來或遭到契丹騎兵攻擊時，即用樹枝築成寨子，契丹騎兵只能環寨而行，而晉軍則乘機放箭，契丹人馬死傷慘重。

逼近幽州時，晉軍殿後的步兵拖著草把、樹枝行進，一時間，煙塵滾滾。契丹兵不知虛實，以爲晉軍援兵甚多，未戰先怯。等到決戰來臨，李嗣源率騎兵在前、步兵隨後，鬥志昂揚地掩殺過來。契丹兵鬥志皆無，丟棄了大量的車帳、牲畜，狼狽逃去。

至此，幽州重鎭得以保全。

出其不意，反其道而行，在不利的局勢中，爲自己製造取勝的契機，無論戰場上，還是生意場上，都是克敵致勝的妙計。

瞿薩旦那國王巧竊蠶籽桑種

瞿薩旦那國王迎來了漢朝公主，也得到了漢族人的蠶籽桑種，取得養蠶種桑的技術。從那以後，西域開始養蠶種桑，也能織出薄如蟬翼的綢絲了。

西漢時期，西域的瞿薩旦那國國王對中原的絲綢思之若渴，千方百計想得到漢人的養蠶、種桑技術，以便織出絲綢。

爲此，國王派出使者攜帶奇珍異寶向漢朝皇帝室求婚，意圖通過這種方法將蠶籽桑種「竊」到西域。漢朝皇帝不知道瞿薩旦那國王的企圖，爲了籠絡西域各國，便答應了這樁婚事。

瞿薩旦那國王的使者率領的求親隊伍中有四名經過精心挑選的侍女，她們的眞正使命是說服公主把蠶籽、桑種及蠶桑技術帶到西域。使者對漢朝皇帝說：「瞿薩旦那國王準備完全按照公主的生活習慣來安排公主在西域的生活，請允許四名侍女進宮和公主生活在一起，以熟悉公主的生活習慣。」

漢朝皇帝認爲使者的話有道理，答應了使者的請求。

四名侍女進入宮中，朝夕與公主在一起，熟悉之後，彼此無所不談。一天，一名侍女故意對公主說：「公主，我們西域無所不有，就是不產絲綢，因此穿的都是粗布衣裳。」

公主一聽急了，「我從小到大，穿的都是綾羅綢緞，粗布衣裳怎麼穿啊？」侍女狡黠地一笑，「是啊，公主總不能一直穿從宮中帶去的衣裙啊。」

公主問道：「那妳說怎麼辦？」

侍女說：「除非把大量蠶籽、桑種帶去。」

「那……父王不會答應的。」公主知道漢朝皇帝絕不允許蠶桑技術外流他邦。

「我們可以想想辦法啊。」侍女說：「譬如，把蠶籽和桑種夾在您的鳳冠中的棉絮裡。」

「對！就這麼辦。」公主爲侍女的好主意感到高興。

到了迎親的日子，公主與侍女們早已把蠶籽桑種藏匿好了。瞿薩旦那國王的使者迎護公主，歡天喜地地出了京城，向邊關走去。就在這時，有人得知公主攜帶蠶籽桑種出國的消息，稟報了皇帝，皇帝立即密令邊關守將嚴加搜查。

公主到了邊關，見守關將軍要檢查她的「嫁妝」，大動肝火，摘下鳳冠，命侍女送給邊關守將。

邊關將領哪裡敢動鳳冠，因爲鳳冠是皇權的象徵啊，但是，守將又不敢不遵從漢朝皇帝的詔令，於是下令打開公主的陪嫁箱籠，草草檢查一遍就放行了。

瞿薩旦那國王迎來了漢朝公主，也得到了漢人的蠶籽桑種，取得養蠶種桑的技術。從此，西域開始養蠶種桑，也能織出薄如蟬翼的綢絲了。

集中兵力、避實擊虛，沒有巧妙的欺騙和偽裝是不可能實現的。《孫子兵法》提出用「形人而我無形」的方法，造成敵人錯覺，誘使敵人分散兵力，這樣就能達到以眾擊寡、以實擊虛的目的。

形人而我無形

【第2章】

曹操施計破袁紹

曹操始終沒有和袁紹硬碰硬，而是處處設計。他針對形勢的變化，抓住敵人的軟肋奮力一擊，終於取得了官渡之戰的勝利。

西元二〇〇年，袁紹派兵圍攻白馬，並引軍至黎陽，打算渡黃河南下，進攻曹操，歷史上有名的官渡之戰拉開了序幕。在這場戰役中，曹操的兵力少於袁紹幾倍，卻出人意料地戰勝了袁紹，其間用計奇巧，不得不讓人佩服。

一開始，袁紹派人攻打白馬，是想分散曹操兵力，以便各個擊破。曹操本來也想先解白馬之圍，謀士荀攸卻另有他計。

就形勢而言，袁紹兵多糧足，曹操的兵力相對很少，死守白馬顯然是死路一條，在這種形勢之下，曹操應該怎麼辦呢？

荀攸獻計說：「我軍兵少，不可力戰。只能設法分散袁紹的兵力，才能以少取勝。您可以引兵到延津，做出要渡河襲擊敵人背後的樣子，待袁紹引兵應對時，您可以用輕兵突襲白馬，出其不意，攻其不備。」

曹操聽從了荀攸的計策，袁紹果然中計，曹操以很少的代價解了白馬之圍。官渡之戰，曹操旗開得勝。

曹操冷靜地分析形勢後，主動放棄了白馬，引軍沿黃河西上，袁紹渡河追趕。到延津地區，曹操突然駐紮下來。等袁紹追兵愈來愈多，曹操命部下把輜重物資置於大道中間，袁紹軍隊以貪財好利聞名，看到物資，爭相搶奪起來，不戰自亂。曹操遂命六百名騎兵出擊，大破袁軍。

曹操抓住袁軍的弱點，促成了兩場戰鬥的勝利。

兩戰勝利後，曹操進軍官渡，袁紹進軍陽武，相互對峙。曹軍畢竟勢小力弱，士兵們有些怯戰。曹操致書荀彧問計，荀攸給曹操指明了道路。

荀彧說：「袁紹兵力全部聚集官渡，要與您決戰。如果您不戰而逃，袁紹必定尾隨追殺，那時的損失可想而知。」

曹操認爲他的看法正確，決計和袁紹打下去。時値袁紹手下的一個謀臣許攸不滿袁紹，前來歸降曹操，並給曹操出了一條搶奪袁紹軍糧的計謀。曹操冒險一試，帶軍攻打護糧官淳于瓊的大營，在袁軍救兵來到之前攻下此營。

張郃、高覽等人得知大營已被攻破，率軍投降，最後袁紹兵敗，領殘兵敗將渡河而去。官渡之戰，改變了袁紹與曹操的力量對比，曹軍終於成爲中原一帶勢力最大的軍隊。

這是一場良謀迭出的好戲，曹操始終沒有和袁紹硬碰硬，而是處處設計。面對兵力勝出自己幾倍的敵人，曹操正面決戰只會遭到毀滅性打擊，於是針對形勢的變化，抓住敵人的軟肋奮力一擊，終於取得了官渡之戰的勝利。

李靖出敵不意

行軍打仗貴在出敵不意，要敢於打破常規，迅速出擊，奇要奇在常人難以預料，難以防備，快要快在出乎意料的速度上。

唐朝名將李靖曾向唐高祖李淵獻了十條翦滅蕭銑割據政權的計策，李淵非常滿意，就以李靖爲行軍總管，向蕭銑展開了攻勢。主帥夔州總管李孝恭對行軍佈陣之事一竅不通，李靖就代替他統領全軍。

李靖把軍隊集中在夔州，經過訓練整頓後準備出發。這時正值深秋，蕭銑又在江南，李靖要攻打他就必須渡江過三峽。蕭銑認爲李靖這時過不了江，因爲江水泛漲，三峽道路險峻，李靖的隊伍肯定不會前進。蕭銑樂觀地這麼認爲，就讓軍隊休息，不做一點防備。

唐朝的軍隊到了三峽後，衆將領也認爲只有等大水退了才能渡江作戰，但李靖卻另有打算。

李靖認爲，兵貴神速，機不可失，應該趁江水高漲之時突然進軍，打到夷陵城下，以迅雷不及掩耳之勢打得蕭銑措手不及；縱使他們發現了，想緊急徵集軍隊，也爲時過晚。

李孝恭聽從了李靖的話，把軍隊推進到夷陵，果然大獲全勝。

蕭銑的將領文士弘將精兵數萬人屯紮在清江一帶，李孝恭想攻打他。李靖分析說，文士弘是蕭銑的一員虎將，他們又剛剛失掉荊門，急於奪回失土，此時全軍出戰，恐怕不是他們的對手。

他建議把軍隊停在南岸，不與文士弘部隊相爭，等他們士氣衰落了，再奮起打擊，一定能取勝。

李孝恭不聽建言，把李靖留下守營，自己率師與文士弘大戰，沒有幾個回合，李孝恭果然大敗，奔逃到南岸。

文士弘的軍隊勝利後，不是乘勝追擊，而是大肆掠奪財物，軍紀混亂。李靖看到文士弘的隊伍軍紀渙散，士氣不振，乘機發兵攻打。李靖調集兵力，趁敵不備迅速出擊，文士弘軍隊沒有料想敵人剛吃敗仗又敢來攻，全軍潰散。結果，李靖大獲全勝，獲取舟艦四百餘艘，斬殺敵人萬餘人。

行軍打仗貴在出敵不意，要敢於打破常規，逆敵人的意料而動，把握住機會，然後迅速出擊，給敵人造成恐慌。這中間有兩個重要環節，一個是奇，一個是快。奇要奇在常人難以預料，難以防備，快要快在出乎意料的速度上。這兩個環節都抓住了，就能收到奇效。

李存勖善用輕敵心理

輕敵之心不可有，這是兵家常告誡將領的作戰心理，梁軍正好犯了這個毛病，於是晉軍利用了這一弱點突然襲擊，獲得勝利。

朱溫建立後梁的第二年，即西元九〇八年正月，死對頭李克用病死，他的嫡長子，年僅二十四歲的李存勖繼任晉王。

李存勖即位之前，晉梁雙方相持於晉東南地區，晉地潞州已被後梁大軍圍困一年之久。後梁圍城將士得知李克用病故，李存勖又很年輕，以為潞州指日可待，於是全軍鬆懈，沒有把李存勖放在眼裡。

李存勖利用他們的輕敵心理，準備出兵襲擊後梁，以解潞州之圍。

他對部將說：「朱溫知道我有喪事，肯定不會出兵，而且他認爲我年輕新登王位，又不熟悉軍事，因此此時必然防備鬆懈。而我此時出兵，正好出其不意，定能取勝。成就霸業，在此一舉！」

於是，這年四月，李存勖率大軍從晉陽出發，進入潞州東北黃碾村，然後埋伏在三垂岡。第二天早晨，恰好大霧瀰漫，咫尺不辨，李存勖乘機率軍直抵潞州城外後梁兵修築的夾寨。

這時候，後梁兵馬鬆懈懶惰，毫無防範。晉軍分幾路衝入夾寨，後梁大營一片混亂。夾寨一戰，不僅解除了潞州之圍，而且殲滅了後梁軍隊萬餘名，繳獲軍糧、兵器無數。

這一仗，使晉軍士氣大振，從而逐漸扭轉了晉弱梁強的局面。

輕敵之心不可有，這是兵家常告誡將領的作戰心理，梁軍正好犯了這個毛病，於是晉軍利用了這一弱點突然襲擊，獲得勝利。

周瑜詐死誘敵

周瑜詐假敗敵之計，許多名將都曾用過，在敵人面前，尤其是驕敵之前，或示之以弱，或示之以敗，甚至示之以死，等待敵人主動來襲，然後將計就計。

赤壁大戰之後，周瑜與曹仁對戰，不料在南郡城內中箭落馬，被衆將合力相救，才從亂軍中殺出一條血路，倉皇而歸。

曹仁得勝回營，曹軍士氣大振。周瑜在營帳內靜養，忽然想出一條詐死敗敵的妙計。要怎麼詐死敗敵呢？

第二天，曹仁來到寨前罵戰，傷勢未癒的周瑜突然起身下床，不顧衆將阻攔，披甲上馬，率領數百騎衝出寨外，迎戰曹軍。部將潘璋剛一出馬，未及交鋒，周瑜在馬上忽然大叫一聲，口中噴血，墜於馬下。

周瑜被眾將救回營後，便趁機裝死，令軍士掛孝舉哀，然後又遣心腹軍士前往南郡詐降，散佈周瑜「已死」的消息。

曹仁聽說周瑜已死，認為偷襲敵營的機會到了，開始積極佈兵。而周瑜也暗中安排機關，準備迎戰。

這晚，曹仁率領人馬偷偷前來劫寨，被吳軍殺得大敗。曹仁知道中計，率軍急退，在撤退途中，又被吳軍的埋伏部隊截殺，最後只得放棄南郡奔命而走，狼狽不堪地沿著襄陽大路逃之夭夭了。

周瑜詐死敗敵之計，許多名將都曾用過，在敵人面前，尤其是驕敵之前，或示之以弱，或示之以敗，甚至示之以死，等待敵人主動來襲，然後將計就計，將敵軍殺得潰師大敗。

故作聲勢實施詐術

戰爭中的欺敵戰術有時候看起來跟小孩捉迷藏差不多，只要能瞞過敵人的眼睛，所用的手段、道具都不用考慮是否太兒戲了。

英國中東戰區司令官韋維爾，在第二次世界大戰爆發之前就以敏銳的頭腦、超人的記憶力和對戰術問題的研究而蜚聲英倫。他曾下過這樣一個定義：一個理想的步兵是偷獵者、帶槍的歹徒和竊賊混合在一起的人。

一九三九年歐洲戰爭爆發後，希特勒在歐洲大陸連連得手，英法自顧不暇，遼闊的非洲大陸成爲墨索里尼的獵物。義大利以阿比西尼亞爲根據地，陸續吞併了利比亞、厄立特里亞和索馬里，墨索里尼心目中的「非洲帝國」已具雛形。

韋維爾將軍奉邱吉爾首相之命，要以鐵拳擊碎墨索里尼的帝國。然而，嚴峻的現實是義大利在北非擁兵四十萬衆，而韋維爾手中僅有三萬六千人，外加一個編制不完整的坦克師，部隊裝備和素質都不佳。

義大利對英法宣戰後，格拉齊亞尼元帥指揮義大利軍隊從利比亞出發進攻英國，兵鋒進入埃及境內。

韋維爾深知強敵當前不能力拼，只能智取。

要怎樣智取強敵呢？

韋維爾認爲：「每一個司令官，應當經常考慮如何使對手誤入歧途，利用對手的恐懼，使他們心慌意亂」，「一切欺騙的基本原則，就是把敵人的注意力引向你想要他注意的地方。高明的魔術師用的就是這些方法。」

這樣做的目的，「是迫使敵人做些有利於我們行動的事。例如，把他的後備隊調到錯誤的地方，或者不調到應該調去的地方，或者誘使敵人浪費精力。」

韋維爾命令克拉克准將領導數個小分隊，專門從事欺騙義軍的活動。他們特地製造出一支規模龐大的軍隊，包括數百輛橡皮做的巡邏坦克，以及大量充氣的野炮、載重卡車和發動機。

在首次進行的戰術欺敵活動中，英軍工程兵修建假公路，並留下坦克履帶印跡，公路一直修到西迪巴拉尼以南靠近義軍駐地的地方。

隨後，英軍爲了增加眞實性，用成群的駱駝和馬拖著耙形裝置，在沙漠中來回馳奔，掀起滾滾煙塵，使義大利空中偵察機和野外觀測哨誤以爲是英國的龐大坦克部隊在行進。義軍飛機想低空偵察又被英軍高射炮部隊趕跑，根本無法看清地面的眞實情況。

格拉齊亞尼從偵察機所得情報分析，認爲義軍右翼有英軍強大的坦克部隊運動，而且英軍的坦克、大炮數量遠遠超過了義大利軍隊。因此，格拉齊亞尼決定義軍不宜貿然進攻，應原地堅守。

韋維爾的欺敵戰術成功了，減緩了義軍的攻擊速度，爲英軍調兵遣將贏得了寶貴的時間。

二個月後，一九四〇年十二月九日，韋維爾下令英軍分南北兩路向義大利軍隊發動積極進攻。格拉齊亞尼早已被韋維爾的虛張聲勢戰術嚇破了膽，竟不戰而潰，英軍一下子躍進六百五十公里，進入利比亞境內。

東部非洲的戰事僅進行了二個月，英軍就俘獲了十三萬義軍、四百輛坦克和一二九〇門大炮，而韋維爾僅動了兩個師的英軍。戰果如此輝煌，實有賴於韋維爾欺敵戰術的成功運用。

戰爭中的欺敵戰術有時候看起來跟小孩捉迷藏差不多，但只要能瞞過敵人的眼睛，所用的手段、道具都不用考慮是否太兒戲了。戰爭的目的是打敗敵人，其他的只是途徑或手段而已。

魚目混珠迷魂惑敵

高明的欺敵戰術要留意各種細節的配置，才能魚目混珠，以假亂真。在這種特意安排的陷阱中，還必須充滿了誘惑，才能誘使敵人掉入圈套。

一九四二年十一月初，英國第八集團軍奉盟軍最高司令部之命，在利比亞和埃及邊境設置防線，爲向德軍發動大規模進攻做好準備。設防中最困難的項目是在空曠無際的沙漠裡建立一個大型鐵路終點站，利用這個終點站卸載和儲備大批的汽油、彈藥和輕重武器裝備等作戰補給品。

在樹木不生、沙石裸露、能見度極佳的沙漠裡建立這樣大型軍事目標，並要躲開德軍的轟炸，談何容易！蒙哥馬利將軍的嚴厲要求不能違背，德軍空襲力量之強大則有目共睹，怎麼才能在這空曠的沙漠裡建一個大型鐵路終點站呢？

爲了迷惑德軍，儘量減少德軍的轟炸，英軍總司令部決定：在離眞正終點站前方不遠的地方，秘密設立個假補給基地，以迷惑敵人。爲了把事情做得更像、更逼眞，他們在眞終點站與假補給基地之間，按正常的築路速度鋪設了假鐵路。鐵路上設有一輛輛機車、煤水車、棚車和油槽車，這些車輛時常重新編組，製造運輸繁忙、車隊流動不停的假象。

假基地的空地上，整齊地停放著大批卡車、裝甲車、坦克和其他補給品。這些作戰物資經常變換位置，給人貨物搬運頻繁、吞吐量很大的印象。當然，基地內所有的車輛和物資都是假的，機車只是個模型，上面裝了個火爐，晝夜冒煙、噴火。與此同時，英軍還特意安排卡車運輸隊不停地在假基地內來往通行，並在假基地周圍配備了四個高炮連。這樣既給假基地增強了眞實感，又有效地阻止了德軍偵察機接近，以免被看出破綻。

英軍煞費苦心擺下的這個「迷魂陣」，果眞使德國人中計。德軍從高空拍下了大量的偵察照片，證明這個基地是眞的，立即調遣大批轟炸機抵達基地附近，準備擇機轟炸。至此英軍製造假基地的目的已達到，既牽制了敵軍的力量，又保護了終點站的安全。

高明的欺敵戰術要留意各種細節的配置，才能魚目混珠，以假亂真。在這種特意安排的陷阱中，還必須充滿了誘惑，才能誘使敵人掉入圈套。

胡雪巖借空鑽空

胡雪巖的說法其實是詭辯，但也可以看出他頭腦靈活和手段不凡。胡雪巖的說法和做法，用今天的說法，就是所謂打「擦邊球」。

胡雪巖能在生意場混得風生水起，最關鍵的因素在於懂得靈活變通。他曾說：「犯法的事，我們不做。朝廷律例怎麼說，我們怎麼做，這就是守法。至於朝廷沒有說的，我們就可以照自己的意思做。」

錢莊做的本來就是以錢生錢的生意。胡雪巖與張胖子籌劃吸收太平軍逃亡兵將的私財，向得補升遷的官員和逃難到上海的鄉紳放款，的確是一樁好買賣。得來的存款不需付利息，而放出去的款子卻一定會有進帳，豈不是無本萬利？

張胖子不敢做吸收太平軍私財生意，認為胡雪巖的做法雖不害人，但卻違法。因為太平軍兵將的私財，按朝廷的說法算是「逆產」，在朝廷追繳之列，接受「逆產」代為隱匿，不就是公然違法？

然而胡雪巖卻不這樣看。在他看來，犯法的事情自然是不能做的，但做生意要知道靈活變通，要在可以利用的地方伺機騰挪。王法上沒有規定不能做的事，即使做了也不能算違法。

他的意思很清楚，律例規定不能替「逆賊」隱匿私產，做了就是違法，但太平軍逃亡兵將絕不會明目張膽以真名實姓來存款，必然用化名。朝廷律例並沒有規定錢莊不能接受別人化名存款，既然是化名，誰又能知道他們是不是太平軍？既然不知道他們的身份，又怎麼談得上違不違法呢？

胡雪巖的說法其實是詭辯，但也可以看出他頭腦靈活和手段不凡。胡雪巖的說法和做法，用今天的說法，就是所謂打「擦邊球」。在市場還處於由無序向有序發展的時候，有魄力、有頭腦的經商者，往往能夠借助打「擦邊球」的手段，使自己在激烈的商戰中保持主動和領先的地位。

不動聲色善捕善用

日本人捕捉資訊的精明確實讓人吃驚，正是對資訊進行嚴密、細緻分析，日本人才抓住了一個個做生意的好機會，一步步走上了經濟強國的地位。

日本國土狹窄，資源匱乏，早期主要靠進口原料進行加工製造，再將成品出口賺取外匯。因而日本公司對國際市場的形勢變化十分關注，隨時都在搜集世界各國的資訊、情報。

六〇年代初期，日本人從《人民日報》上登出的鐵人王進喜身穿大皮襖、扛著鑽井部件在風雪中行進的照片，推斷中國可能找到了大油田，接著從照片上依稀可見的火車站站名「薩克圖」，準確地推知大慶油田在東北松嫩平原人跡罕至的地方。

後來，日本人又在《人民日報》上看到一張鑽塔照片，根據這張照片上鑽台手柄的長度和架式算出了中國大慶油田的油井直徑，並根據中國國務院的工作報告，估算出了大慶油田的實際生產能力。考慮到中國還沒有生產油田專用設備的技術，他們推斷，不久之後中國肯定要向國際招標，於是日本石油化工設備公司立即組織人力、物力進行精心設計。

果然正如日本人所料，中國大慶油田出油後，向世界各國徵求設計方案和油田專用設備，英、美等國雖然技術、實力雄厚，但是毫無準備，被日本人搶先一步，把這筆大生意奪走了。

日本人捕捉資訊的精明確實讓人吃驚，他們對局勢的分析方法和對資訊的鑽研精神，值得企業家們學習和借鑑。正是對資訊進行嚴密、細緻分析，日本人才抓住了一個個做生意的好機會，一步步走上了經濟強國的地位。

【第3章】

勝可為也

「勝可為也」，是指通過軍事將領正確的指揮，通過對敵人的欺騙、誘惑和調動，使敵人陷入疲於奔命、首尾難顧、「無所不寡」的窘境，這樣就可以使勝利的可能性化為現實了。

暗殺沙達特行動

卡里德衝上檢閱台，把衝鋒槍對準倒在地上的沙達特猛掃。這個例子說明了，不論身處順境或危境，要時刻保持高度警覺。

一九七三年，埃及總統沙達特親自策劃、指揮埃及軍隊強渡蘇伊士運河，摧毀了長一百七十公里、縱深十公里的「巴列夫防線」，打破以色列不可戰勝的神話，這就是舉世聞名的第四次中東戰爭。

四次中東戰爭耗費了埃及一千億埃鎊，埃及還傷亡了十萬餘人。沙達特為使埃及走出困境，在美國政府斡旋下，與以色列談判並簽訂了和平條約。

沙達特的舉動引起了阿拉伯世界極端分子的仇視，他們發誓要幹掉沙達特。但是，沙達特深居簡出，衛兵成群，極端分子多次密謀都沒有成功。

十月六日是隆重紀念第四次中東戰爭的日子，按慣例，沙達特總統要在勝利廣場舉行閱兵式，這無疑是個暗殺的機會。

極端分子們發現，每次檢閱前，軍官們都要對參閱士兵進行一次檢查，但檢查常淪為「例行形式」，有機可乘。而且，在檢閱的時候，沙達特的警衛人員都撤到了檢閱台的後部，這眞是暗殺沙達特的大好良機。

於是，極端分子們選擇了一九八一年十月六日這一天行動。

暗殺小組的組長是一名叫做卡里德的炮兵中尉。當「例行檢查」完畢之後，他用「自己人」換下了參閱的兩名士兵，又用調包的手段把衝鋒槍、子彈、手榴彈帶入炮車中。

一切準備就緒，到了十月六日下午一時，卡里德及其同夥乘坐炮車緩緩向檢閱台駛去。當炮車駛到檢閱台時，卡里德命令司機停下車，自己率先跳下車，端著衝鋒槍向前飛跑。

沙達特發現了卡里德等人，卻錯誤地認為這些人是來向他行持槍禮，挺直了胸脯，準備答禮。豈料，卡里德擲過來一顆手榴彈，留在炮車中的神槍手則將一串子彈全部打入沙達特的胸膛。

沙達特倒下了，警衛人員在片刻的震驚後，開始跑向檢閱台前向刺客還擊，以及保護總統。但是，卡里德還是搶先一步衝上檢閱台，把衝鋒槍對準倒在地上的沙達特猛掃。

沙達特，這位為世界和平做出巨大貢獻的中東偉人就這樣被暗殺了。

這個例子說明了，不論身處順境或是危境，都要時刻保持高度警覺，以防不測之災。

氫彈墜失以後

儘管前蘇聯對美國墜失氫彈事件進行了一系列抨擊，但美國政府緊急、快速地清除污染，以及各種補救行動，平安地避免了一場可怕的反美「大風暴」。

一九六六年一月十五日，美國的一架B－五二轟炸機在空中失事，四顆氫彈凌空落下，墜失在西班牙沿海的比利亞里科斯村附近。

在當時的歷史背景下，美國最爲不安的是：前蘇聯及其同盟絕不會放過這一煽動反美浪潮的良機，西班牙政府和人民由於涉及自身的安全，也非常憤怒。就這樣，在全球，特別是在西班牙，掀起一場反美怒潮。

美國駐西班牙大使立即緊急「拜訪」西班牙外交部長，向西班牙政府表示深深的「歉意」，同時又表示：美國政府有能力把氫彈墜落可能造成的惡果全部清除；對由此可能造成的損失，百分之百地予以賠償。美國政府的主動「拜訪」使西班牙政府感到滿意，對美國「不愼」造成的核事故採取積極合作態度。

爲了找到墜失的氫彈和及時清除可能發生的核污染，美國先後出動了約三千人，使用了十八艘艦船和當時世界上最精密、最先進的裝備，以最快的速度進入「受災區」。美國的專家們花了三個星期將污染地區確定下來，以最嚴格的安全標準對該地區的污染進行清除，即使是一小撮帶有極其微弱放射性的泥土，也要把它運回美國國內的核廢料物處理場。

美國政府還對地裡的莊稼進行回收處理，賠償所有的損失。

爲了證明海水是沒有危險的，美國大使杜克還與西班牙旅遊大臣伊里瓦爾尼一起在海中游了三分半鐘，西班牙各大報紙都對此做了報導。

經過三個月的努力，美國空軍墜失的四顆氫彈全部安全回收。在這時期，儘管前蘇聯對美國墜失氫彈事件進行一系列抨擊，但美國政府緊急、快速地清除污染，以及各種補救的行動，平安地避免了一場可怕的反美「大風暴」。

詹森總統與越南戰爭

用尼克森的一句話來總結越南戰爭的失敗原因是：「我們在一個錯誤的時間、一個錯誤的地點，打了一場錯誤的戰爭。」

詹森擔任美國總統帶有點戲劇性，一九六三年十一月二十二日，甘迺迪總統遇刺身亡，當天下午二點三十分，擔任副總統職務的詹森根據美國憲法規定，宣誓就任美國總統。

當時，南越政府一片混亂，詹森和他的前任甘迺迪一樣，錯誤地認爲「丟失越南就像杜魯門丟失中國一樣，會引起嚴重的政治後果」，上任伊始就下令對北越海、陸、空基地實施空中打擊，隨後又實施「滾雷行動計劃」，直接捲入越南戰爭。

但是，美國的狂轟濫炸並沒有扭轉戰局。

當時，美國駐越援軍司令部司令威斯特米蘭將軍在給詹森的備忘錄中寫道：「迄今，我們對北越的空中作戰是以緩慢升級為特點的，這種戰略無效地大量使用空軍，而且遠未得到可能的結果。此外，在局勢中增加了日益增長的危險因素。敵人現已組成一個集中控制的龐大防空體系……」

北越如何能「組成一個集中控制的龐大防空體系」呢？原來，北越得到了擁有最先進防空力量的蘇聯支援。

但是，詹森沒有聽從威斯特米蘭的勸告，仍然一意孤行，不斷把戰爭「升級」。到了一九六七年，美國開到越南戰場人員已達五十萬人。

美國在越戰的泥沼中越陷越深，越南共產黨則越戰越強。一九六七年秋天，美國的一些著名部隊——第一〇一空降旅、綠色貝雷特種部隊、第一騎兵師，分別在安溪、波萊梅、德浪河谷遭到慘敗，死傷慘重。

消息傳到國內，美國人民紛紛走上街頭，示威遊行，反對越南戰爭。而且，遊行的隊伍日益擴大，越來越多知名人士加入了反戰運動。為了表達反戰決心，一名教徒和一名救濟工作者分別在五角大樓外和聯合國外舉火自焚。最後，將越戰升級的決策人之一——國防部長也開始改變了對越戰的態度。

詹森面對的是衆叛親離的窘境。

一九六八年一月三十日，北越武裝力量向南越政府和駐南越的美軍基地發動了強大的春季攻勢，連美國大使館、西貢機場和總統府都遭到武裝攻擊。

詹森終於認識到自己已經徹底失敗，一九六八年十月三十一日，宣佈「停止轟炸」。三個月後，他就灰溜溜地離開了白宮，取而代之的是美國的新一屆總統理查·尼克森。

美軍完全撤出越南，是由尼克森總統下令完成的。用尼克森的一句話來總結越南戰爭的失敗原因是：「我們在一個錯誤的時間、一個錯誤的地點，打了一場錯誤的戰爭。」

塔列朗力主比利時獨立

法國如果併吞比利時或使比利時依附法國，必然遭到歐洲各大國的反對，塔列朗高瞻遠矚，終於使問題朝著最有利於法國的方向發展。

一八三〇年八月，荷蘭統治下的比利時受法國七月革命的影響，爆發了革命。革命派要求脫離荷蘭，宣佈比利時獨立，比、荷間發生戰爭。與此同時，另一些比利時共和派則要求把比利時併入法國，這個主張得到法國部分人的支援，但英、俄等國堅決反對。

當時，法國著名的外交家塔列朗擔任駐英國大使，但主管著法國外交大事。他認爲，解決比利時問題應既符合法國的利益，又能取得國際上的同意。他主張惟一的辦法是讓比利時獨立，而不是把它併入法國。

爲此，他建議在倫敦召開國際會議。

一八三〇年十一月四日，由俄、普、奧、荷、法各國代表參加的會議在倫敦召開，塔列朗代表法國出席。他首先建議荷、比軍隊在會議期間停戰，簽訂停戰協定。次日，他提出法國的方案：一，比利時從荷蘭分立出來，建立君主立憲制的獨立國；二，君主可以是荷蘭王室的奧倫治親王；三，奧倫治如不能成爲君主，則由比利時人自己選舉國王；四，法、比邊界的要塞除盧森堡外，不能交給別的國家。

顯然，這個方案中獨立和立誰爲王是最重要的問題。十一月初，倫敦會議尚未做出決定，比利時議會就已投票決定建立君主國，並要路易．菲力浦之子尼摩爾親王爲比國國王。

塔列朗立即寫信勸告法王路易．菲力浦拒絕這個要求。

俄、奧、普三國起初一致反對比利時獨立。十二月二十日，倫敦會議連續開了七個小時，塔列朗不屈不撓，極力維護比利時人民獨立的願望。最後，在英國支持下，各國終於達成協議，同意比利時獨立。

會議經過漫長而艱苦的討論，選擇了塔列朗中意的德意志利奧波德親王為比國國王。塔列朗還計劃給利奧波德送去一位法國新娘，使他更加親法。不久以後，路易·菲力浦的長女果然成了比利時王后。

一八三一年十一月十五日，各大國代表在倫敦簽訂了永保比利時中立的倫敦議定書。不久，比利時應塔列朗要求，拆除了荷蘭在比、法邊境建造的工事，比利時問題圓滿解決。

從當時的實際情況看，法國如果併吞比利時或使比利時依附法國，必然遭到歐洲各大國的反對，陷入極端孤立與不利地位。塔列朗高瞻遠矚，獨具慧眼，終於使問題朝著最有利於法國的方向發展。法國沒有把比利時併入法國，但使比利時成為法國可靠的友邦，既得到了長久的益處，又在國際輿論上占了理。

鐵托出妙策擺脫困境

鐵托採取了正確的策略，南斯拉夫渡過了難關，西方國家始終未能影響它的獨立與主權，蘇聯也未敢對南斯拉夫採取軍事行動。

一九四八年三月，南斯拉夫與蘇聯發生嚴重衝突，蘇聯中斷了兩國貿易，撤走在南斯拉夫的全部軍事專家和高職人員。

不久，兩國關係完全破裂。

蘇聯動員了羅馬尼亞、匈牙利、保加利亞、波蘭、捷克斯洛伐克等幾個共產國家，聯合向南斯拉夫施加壓力。

蘇聯指稱，「南斯拉夫已經成爲一個資產階級共和國，變成帝國主義的殖民地」，並宣佈鐵托等南斯拉夫領導人是「殺人犯」、「間諜」、「法西斯和帝國主義的奴僕」，呼籲南斯拉夫人民推翻鐵托集團。

在進行宣傳的同時，蘇聯廢除了兩國友好條約，對南斯拉夫進行經濟封鎖。隨後，蘇聯和東歐各國斷絕了與南斯拉夫的外交關係，把南斯拉夫的外交官驅逐出境。各國還在南斯拉夫邊境製造嚴重衝突，使事態進一步惡化。

此時，南斯拉夫面臨著嚴重的困境。

南斯拉夫在二戰以後，一直是社會主義陣營中的國家，各方面依靠蘇聯，西方國家十分仇視南斯拉夫。但現在，南斯拉夫卻陷入了四面楚歌、極其孤立的狀態。蘇聯與南斯拉夫決裂後，世界上沒有一個共產國家對它表示同情，西方國家更是幸災樂禍。

南斯拉夫處於政治孤立、經濟封鎖和軍事威脅中，經濟急劇惡化，人民生活水準降到極低程度。同時，由於存在著蘇聯集團的軍事威脅，南斯拉夫的軍費一直保持在極高的水準上，是相當沉重的負擔。

南斯拉夫領導人鐵托經過反覆權衡之後認為，和蘇聯集團比較起來，美國與西方集團對南斯拉夫威脅較小，是兩害之中較輕的一個。

與此同時，鐵托還看到，當時東西方關係十分緊張，冷戰有可能變爲熱戰，南斯拉夫脫離蘇聯，對西方也是有利的。因此，西方國家也有可能幫助南斯拉夫保持政治、經濟的獨立。

於是，鐵托決定向西方靠攏，利用西方經濟、軍事的援助，使南斯拉夫擺脫蘇聯孤立、封鎖帶來的嚴重困境。

這項決策果然獲得了成功，美國政府向南斯拉夫提供了三億多美元的糧食和經濟援助，英、法兩國也提供了八千多萬美元的援助，終於使南斯拉夫的經濟困境得到緩解。

一九五一年，南斯拉夫和美國簽訂了「共同防禦援助協定」、「軍事援助協定」。同年，南斯拉夫與希臘恢復了正常關係。

一九五三年二月，南斯拉夫和希臘、土耳其三國簽訂三國友好合作條約，三月，鐵托訪問了英國。一九五五年，南斯拉夫又與法國、義大利、奧地利等國建立了正常、友好的外交關係。

因爲鐵托採取了正確的策略，南斯拉夫渡過了難關，恢復了經濟，並且一直保持了獨立與安全。西方國家始終未能影響它的獨立與主權，蘇聯也未敢對南斯拉夫採取軍事行動。

當面臨兩個對手而又無力同時抗衡兩者時，必須審時度勢，做出比較：在兩個對手中，誰對自己的威脅最大，誰對自己的威脅稍小？與誰可以找到共同利益，緩和關係，與誰的矛盾無法緩解？比較之後，就應該爭取、靠向對自己最有利的對手，與對方聯合，抵抗另一方的威脅。

德雷克大破「無敵艦隊」

即使實力劣於對手，只要能夠充分發揮自己的優勢，避開於己方不利的條件，巧妙利用對方的弱點，以己之長擊敵之短，以定會取得勝利。

十六世紀後期，英國與西班牙爲了爭奪海上霸權，發生了尖銳的矛盾，雙方的衝突愈演愈烈，終於在一五八八年爆發了一場大規模的海上決鬥。

西班牙國王菲力浦二世爲了維護西班牙的「海上霸王」地位，以及征服英國，於一五八八年五月末派出一支龐大的「無敵艦隊」遠征英國。無敵艦隊擁有艦船一百三十四艘，船艦高大威武，帆檣林立、炮火強大、陣營整齊，西班牙人感到十分驕傲。但是，由於體大笨重，缺乏靈活性，致使航行遲緩；火力雖然密集，但大都是短程火炮。

英國的各類船艦約有一百四十艘，其中大多數爲武裝商船，部分爲快速戰艦。這種戰艦船體小而狹長，但航速快，機動性強，作戰靈活，而且火炮數量較多，射程也比西班牙的火炮遠。所以，英國方面並不膽怯，毅然迎戰。英國艦隊總司令是海軍上將霍華德，海盜出身的著名冒險家德雷克、霍金斯任分艦隊司令。

七月二十一日夜，兩支艦隊相遇了。戰前，德雷克對英軍的戰術戰法進行了大改革，用遠端炮擊取代接舷肉搏的傳統方式，用縱隊戰術取代橫隊戰術，更有效地發揮快速戰艦和舷側戰炮的威力。

戰鬥剛開始，德雷克就一馬當先，率領英艦排成一字縱隊，繞過西班牙艦隊的前衛，楔入主力和後衛之間，一面航行一面遠距離炮擊，然後集中火力猛攻西班牙的後衛。

德雷克的縱隊戰術成功了！西班牙艦隊分成若干集團，企圖採用橫隊戰術打亂敵人的隊形，然後再伺機接近對方，登艦或接舷肉搏。然而，英軍揚長避短，不與體大堅固的西艦正面相接，而是充分發揮船小靈活、火炮射程遠的優點，很快打得西班牙艦隊混亂不堪，多艘西班牙船艦中炮起火。受挫的西班牙艦隊不得不避開英國艦隊，轉向英國本土進攻。英軍緊緊追擊，毫不放鬆。

七月二十八日晚，德雷克再次利用英艦小而靈活的特點，追上西班牙艦隊發動火攻，「無敵艦隊」遭到慘重損失。八月二日，西軍統率麥地納·西多尼亞集結殘兵敗將，決定繞過不列顛返回西班牙，途中又遭受了風暴、暗礁、疾病和饑渴的襲擊，損失更加慘重。

九月，「無敵艦隊」歷經艱辛，終於返抵西班，只有一半戰士生還。從此，西班牙一蹶不振，而英國則一躍成爲海上強國。德雷克因戰功赫赫，爲大英帝國的奠基做出巨大貢獻，戰後被晉升爲海軍上將。

「揚長避短」自古以來就是慣用的戰爭謀略。

戰爭中的各方，各有所長，各有所短。即使實力劣於對手，只要能夠充分發揮自己的優勢，避開於己方不利的條件，巧妙利用對方的弱點，以己之長擊敵之短，必定會取得勝利。

以弱勝強，俄軍絕處逢生

處於絕對劣勢之時，消極防守或膽怯逃跑，只有死路一條。這時如果抓住時機，看到敵人的破綻時當機立斷，主動地發起突然攻擊，就有可能絕境逢生。

一七六九年，俄國傑出的軍事家魯緬采夫擔任前線總司令，帶領俄軍與土耳其作戰。一七七〇年七月，魯緬采夫取得了拉爾加河口大捷，接著繼續發動攻勢。但是，情況突然發生了重大逆轉。

土耳其統帥哈利利親自率領援軍趕來，在卡古耳與主力軍隊會合，土耳其軍隊人數一下增至十五萬人，火炮達到一百五十門。哈利利氣勢洶洶，準備以優勢兵力一舉全殲魯緬采夫，以雪拉爾加河口戰役之恨。同時，土耳其盟國克里木的八萬大軍正在魯緬采夫軍隊的後面，威脅著他的後方交通線。

此時，魯緬采夫部隊的兵力只有三·七萬人，是土軍總數的五分之一，處於絕對劣勢。更可怕的是，俄軍所攜帶的糧食已消耗殆盡，無法補充，而後援部隊遠在天邊。魯緬采夫進退維谷，似乎只能是死路一條，沒有任何獲勝的希望。

面對這種嚴峻的形勢，魯緬采夫仍然十分鎮定，將一萬兵力調守自己後方的交通線，一旦失利，不致沒有後撤的退路。這樣一來，俄軍能用於對敵進攻的兵力只剩下二·七萬人。

魯緬采夫認為，在這種處境下，只有抓住時機，主動、突然地發起進攻，才有可能絕處逢生；如果坐守或退逃，則無異於自殺。

土耳其軍隊仗恃絕對優勢，並不把魯緬采夫放在眼裡，統帥哈利利對駐紮的營地選擇毫不在意。他選的營地背靠特拉場壁障，是一處古羅馬帝國工事遺址；營地西邊是卡古耳河，東邊是一個谷地。卡古耳河與谷地之間最寬處約八公里，南面最窄段為一公里。十五萬大軍雜亂無章地擠在如此狹窄的地域內紮營，實在是兵家的大忌。然而哈利利則認為俄軍已陷入絕境，自己如何紮寨都無關緊要。

一直時刻注視著土軍情況的魯緬采夫知道死裡求生的機會來了。他非常明白，這是惟一的機會，如果錯過就再無希望了。就在這時，他又得知了哈利利預定八月一日進攻俄軍的情報。他一秒鐘也沒有遲疑，當機立斷，決定主動突襲，搶先下手。

俄軍在七月三十一日夜間秘密出動，八月一日凌晨五時開始翻越壁障，突如其來地殺入土耳其陣地。土耳其軍隊絲毫沒有料到奄奄待斃的俄軍會搶先殺來，只能倉促應戰。

糟糕的地形使土軍完全陷於被動，俄軍以炮火盡情轟擊，殺傷密密地擠在一起的土軍部隊。這一仗，土耳其軍隊死傷二萬人，扔下一三八門火炮和大批輜重。而俄軍卻僅僅損失一千人。

當己方處於絕對劣勢之時，消極防守或膽怯逃跑，只有死路一條。這時如果抓住時機，看到敵人的破綻時當機立斷，主動地發起突然攻擊，就有可能絕境逢生。這樣生死存亡的時刻，最能考驗一個指揮官的意志和膽略。

掌握時機，就能無往不利

掌握時機，就能無往不利。在風雲變幻的競爭中，一旦時機到來，就必須當機立斷緊緊抓住，作戰如此，行商如此，做人做事也是如此。

戰場上講究戰機，商場上講究商機，一個有經營頭腦的企業家講究捕捉各種機遇，利用一切可以利用的條件，特別是利用社會上出現的各種時髦「熱」，創造商品銷售的機會。

日本在八〇年代初出現一股科學幻想動畫片熱。當時，最吸引人的是影片「宇宙戰士」。青少年們在影院門前排長隊購票，小朋友們在電視機前聚精會神地觀看。一家玩具商店看準這個苗頭，趁熱打鐵，開發出一種帶有微型電腦的電子玩具，命名為「宇宙人」。

玩具一投放市場，一下子就風靡了日本全島。孩子們常常在開門前就排隊等候，店門一開就爭相購買，玩具廠商只得晝夜加班。過去，一種玩具能銷出一百萬個就算是暢銷貨，「宇宙人」的銷量則達到八千萬個。

一九五一年九月，日本首相吉田茂訪美，簽訂了日美「安全條約」。日本樂天集團創辦人辛格浩立即抓住機會，將能吹出泡泡的新型口香糖命名為「和平口香糖」，並大肆進行廣告宣傳。此舉迎合了戰後人民的心理，「和平口香糖」獨佔市場鰲頭。

後來，他又注意到美國西部電影開始風靡日本，便又推出新包裝的「牛仔口香糖」，又一次領導時髦青年的「新潮流」。

緊接著，辛格浩又利用美國科學界發明的用葉綠素治療燒傷一事引起的轟動，及時推出「葉綠素口香糖」。在廣告宣傳下，民衆似乎覺得一塊「葉綠素」口香糖，雖不會減少火災，但會多一分安全感。這種聯想又一次和消費者的心理合拍，無疑也獲得了成功。

一九五五年十一月，日本電視首次開播。辛格浩不失時機，掀起了「評選樂天小姐」的熱潮。一時間，「樂天口香糖尋找美女」的廣告家喻戶曉，使得「樂天」又一次名聲大振。

一九五六年，日本第一支南極考察隊赴南極考察，辛格浩又瞅準了機會，當即決定把一批特製口香糖免費贈送探險隊，成爲新聞界的熱門話題。探險隊回來後，帶回了「樂天口香糖在攝氏零下五十度也不變質」的客觀證明，又成爲其他品牌無法匹敵的「吹牛」材料。

到了六〇年代，樂天公司的促銷技藝已達到爐火純青的地步，配合廣告攻勢，又搞了「一千萬日元獎票大特賣」營業推廣活動。買幾塊口香糖，即使得不到獎，也沒什麼損失，但萬一……在這種心理驅使下；無論大小商店，只要銷售「樂天」口香糖，無不人頭攢動，水洩不通。

結果，該公司當月銷售額發瘋般地往上竄。

辛格浩在不斷革新品種的同時，也不斷翻新促銷新花樣。辛格浩被尊爲「大王」，「樂天」也深入人心，利潤自不待言。

掌握時機，就能無往不利。在風雲變幻的競爭中，一旦時機到來，就必須當機立斷緊緊抓住，作戰如此，行商如此，做人做事也是如此。

【軍爭篇】

【原文】

孫子曰：凡用兵之法，將受命於君，合軍聚眾，交和而舍，莫難於軍爭。軍爭之難者，以迂為直，以患為利。故迂其途而誘之以利，後人發，先人至，此知迂直之計者也。

故軍爭為利，軍爭為危。舉軍而爭利則不及，委軍而爭利則輜重捐。是故卷甲而趨，日夜不處，倍道兼行，百里而爭利，則擒三將軍，勁者先，疲者後，其法十一而至；五十里而爭利，則蹶上將軍，其法半至；三十里而爭利，則三分之二至。是故軍無輜重則亡，無糧食則亡，無委積則亡。

故不知諸侯之謀者，不能豫交；不知山林、險阻、沮澤之形者，不能行軍；不用鄉導者，不能得地利。故兵以詐立，以利動，以分合為變者也。故其疾如風，其徐如林，侵掠如火，不動如山，難知如陰，動如雷震。掠鄉分眾，廓地分利，懸權而動。先知迂直之計者勝，此軍爭之法也。

《軍政》曰：「言不相聞，故為金鼓；視不相見，故為旌旗。」夫金鼓、旌旗者，所以一人之耳目也。人既專一，則勇者不得獨進，怯者不得獨退，此用眾之法也。故夜戰多火鼓，晝戰多旌旗，所以變人之耳目也。

故三軍可奪氣，將軍可奪心。是故朝氣銳，晝氣惰，暮氣歸。故善用兵者，避其銳氣，擊其惰歸，此治氣者也。以治待亂，以靜待嘩，此治心者也。以近待遠，以佚待勞，以飽待饑，此治力者也。無邀正正之旗，勿擊堂堂之陳，此治變者也。故用兵之法：高陵勿向，背丘勿逆，佯北勿從，銳卒勿攻，餌兵勿食，歸師勿遏，圍師必闕，窮寇勿迫，此用兵之法也。

【注釋】

合軍聚眾：合，聚集、集結。此句意爲徵集民眾，組織軍隊。

交和而舍：兩軍營壘對峙而處。交，接觸；和，和門，即軍門。兩軍軍門相交，即兩軍對峙。舍，駐紮。

莫難於軍爭：軍爭，兩軍爭奪取勝的有利條件。

以迂為直，以患為利：迂，曲折迂迴。直，近便的直路。意爲將迂迴的道路變成直通的道路，把不利的害處變爲有利。

故迂其途而誘之以利：迂，此處用作動詞。前句就我軍而言，此句就敵人而言。戰爭時既要使自己「以迂爲直，以患爲利」，也要善於使敵人「以直爲迂，以利爲患」。而要達到這一目的，在於以利引誘敵人，使其行迂趨患，陷入困境。

後人發，先人至：比敵人後出動，卻先抵達要爭奪的要地。

此知迂直之計者也：知，這裡是掌握的意思。計，方法、手段。

軍爭為利，軍爭為危：爲，這裡作「是」、「有」解釋。此句意爲軍爭既有有利的一面，也有不利的一面。

舉軍而爭利則不及：舉，全、皆。率領全部攜帶裝備、輜重的軍隊前去爭利則不能按時到達。不及，不能按時到達預定地點。

委軍而爭利輜重捐：委，丟棄、捨棄。輜重，包括軍用器械、營具、糧秣、服裝……等等。捐，捐棄、損失。句意謂如果扔下一部分軍隊去爭利，則裝備輜重將會受到損失。

卷甲而趨：卷，捲、收、藏的意思。甲，鎧甲。趨，快速前進。意謂捲甲束杖急速進軍。

日夜不處：處，止、息。「日夜不處」即夜以繼日，不得休息。

倍道兼行：倍道，行程加倍。兼行，日夜不停。

擒三將軍：擒，俘虜、擒獲。三將軍，三軍的將帥。此句意爲若奔赴百里，一意爭利，則三將的將領會成爲敵之俘虜。

勁者先，疲者後，其法十一而至：意謂士卒身強力壯者先到，疲弱者滯後掉隊，這種做法只有十分之一兵力能到位。

五十里而爭利，則蹶上將軍：奔赴五十里而爭利，則前軍將領會受挫折。蹶，失敗、損折。上將軍，指前軍、先頭部隊的將帥。

其法半至：通常的結果是部隊只能有半數到位。

三十里而爭利，則三分之二至：奔赴三十里以爭利，則士卒也僅能有三分之二到位。

軍無輜重則亡：軍隊沒有隨行的兵器、器械則不能生存。

無委積則亡：委積，指物資儲備。軍隊沒有物資儲備作補充，也不能生存。

不知諸侯之謀者，不能豫交：謀，圖謀、謀劃。豫，通「與」，參與。句意爲不知諸侯列國的謀劃、意圖，則不宜與其結交。

沮澤：水草叢生之沼澤地帶。

鄉導：即嚮導，熟悉本地情況之帶路人。

兵以詐立：立，此處指成功、取勝。意思是用兵打仗當以詭詐多變取勝。

以利動：言用兵打仗以利益大小爲行動準則。

以分合為變：分，分散兵力；合，集中兵力。言用兵打仗當靈活處置兵力的分散或集中。

其疾如風：行動迅速，如狂風之疾。

其徐如林：言軍隊行列整肅，舒緩如林木之森森然。徐，舒緩。

侵掠如火：攻擊敵軍恰似烈火之燎原，不可抵禦。侵，越境進犯。掠，掠奪物資。侵掠，此處意爲攻擊。

不動如山：言防守似山岳之固，不可撼動。

難知如陰：隱蔽眞形，使敵莫測，有如陰雲蔽日不辨辰象。

動如雷震：行動猶如迅雷。

掠鄉分眾：鄉，古代地方行政組織。此句說，掠取敵鄉糧食、資財要兵分數路。

廓地分利：此句言應開土拓境，擴大戰地，分兵佔領扼守有利地形。廓，同「擴」，開拓、擴展之意。

懸權而動：權，秤錘，用以秤物輕重。這裡借作衡量、權衡利害、虛實之意。此言權衡利弊得失而後採取行動。

先知迂直之計者勝：意爲率先掌握「迂直之計」的，能取得勝利。

《軍政》：古兵書，已失傳。

言不相聞，故為金鼓：爲，設、置。金鼓，古代用來指揮軍隊前進後退的號令設施，擂鼓進兵，鳴金收兵。

視不相見，故為旌旗：旌旗，泛指旗幟。

所以一人之耳目也：意謂金鼓、旌旗之類，是用來統一部卒的視聽，統一軍隊行動的。人，指士卒、軍隊。一，統一。

人既專一：專一，同一、一致。謂士卒一致聽從指揮。

此用眾之法也：用衆，動用、驅使衆人，亦即指揮人數衆多的軍隊。法，法則、方法。

夜戰多火鼓，晝戰多旌旗，所以變人之耳目也：變，適應。此句意爲根據白天和黑夜的不同情況來變換指揮信號，以適應士卒的視聽需要。

故三軍可奪氣：氣，指旺盛勇銳之士氣。意思是三軍旺盛勇銳之氣可以挫傷使之衰竭。

將軍可奪心：奪，這裡是動搖之意。指將帥的意志和決心可以設法使之動搖。

朝氣銳，晝氣惰，暮氣歸：朝，早晨。銳，鋒銳。晝，白天。惰，懈怠。暮，傍晚。歸，止息，衰竭。此句指士氣變化之一般規律：開始作戰時士氣旺盛，銳不可擋，經過一段時間後，士氣逐漸懈怠，到了後期士氣就衰竭了。

避其銳氣，擊其惰歸：避開士氣旺盛之敵，打擊疲勞沮喪、士氣衰竭之敵。

此治氣者也：治，此處作「掌握」解釋，意思是說，這是掌握、運用士氣變化的通常規律。

以治待亂：以嚴整有序之己對付混亂不整之敵。治，整治。待，對待。

以靜待嘩：以自己一方的沉著鎮靜對付敵人的輕躁喧動。嘩，鼓譟、喧嘩，意指騷動不安。

此治心也：此乃掌握、利用將帥心理的通常法則。

此治力者也：此乃掌握、運用軍隊戰鬥力的基本方法。

無邀正正之旗：邀，迎擊、截擊。正正，嚴整的樣子。意爲不要迎擊旗幟整齊、部署周密的敵人。

勿擊堂堂之陳：陳，同「陣」。堂堂，壯大。意即不要去攻擊陣容壯大、實力雄厚的敵人。

此治變者也：這是掌握機動應變的一般方法。

高陵勿向：高陵，高山地帶。向，仰攻。即對已經佔領了高地的敵人，我軍不要去進攻。

背丘勿逆：背，倚托之意。逆，迎擊。言敵人如果背倚丘陵險阻，我軍就不要去正面進攻。

佯北勿從：佯，假裝。北，敗北、敗逃。從，跟隨。言敵人如是僞裝敗退，我軍就不要去追擊。

銳卒勿攻：銳卒，士氣旺盛的敵軍。意謂敵人的精銳部隊，我軍不要去攻擊。

餌兵勿食：此謂敵人若以小利作餌引誘我軍，則不要去理睬它。

歸師勿遏：遏，阻擊。對於正在向本國退還的敵師，不要去正面阻擊。

圍師必闕：闕，同「缺」。在包圍敵軍作戰之時，應當留下缺口，避免敵人做困獸之鬥。

窮寇勿迫：指對陷入絕境之敵，不要一味逼迫，以免對方拼死掙扎。

【譯文】

孫子說，大凡用兵的法則，將帥接受國君的命令，從徵集民衆、組織軍隊直到和敵人對陣，在這中間沒有比爭奪制勝條件更爲困難的了。而爭奪制勝條件最困難的地方，在於要把迂迴的彎路變爲直路，要把不利轉化爲有利。同時，要使敵人的近直之利變爲迂遠之患，並用小利引誘敵人。這樣就能比敵人後出動而先抵達必爭的戰略要地，這就是掌握了以迂爲直的方法。

軍爭既有順利的一面，同時也有危險的一面。如果全軍攜帶所有的輜重去爭利，就無法按時抵達預定地域；如果丟下部分軍隊去爭利，輜重裝備就會損失。因此，捲甲疾進，日夜兼程，走上百里路去爭利，那麼三軍的將領就可能被敵所俘；健壯的士卒先到，疲弱的士卒掉隊，結果是只會有十分之一的兵力到位。走五十里去爭利，就會損折前軍的主將，只有一半的兵力能夠到位。走上三十里路去爭利，也依然只有三分之二的兵力能趕到。必須知道，軍隊沒有輜重就會失敗，沒有糧食就不能生存，沒有物資儲備就難以爲繼。

所以，不瞭解諸侯列國的戰略意圖，不能與其結交；不熟悉山林、險阻、沼澤的地形，不能行軍；不利用嚮導，便不能得到地利。所以，用兵打仗必須依靠詭詐多變來爭取成功，依據是否有利來決定自己的行動，按照分散或集中兵力的方式來變換戰術。

所以，軍隊行動迅速時就像疾風驟起，行動舒緩時就像林木森然不亂，攻擊敵人時像烈火燎原，實施防禦時像山岳穩固，隱蔽時如同濃雲遮蔽日月，衝鋒時如迅雷不及掩耳。

分遣兵眾，擄掠敵方的鄉邑；分兵扼守要地，擴展自己的領土；權衡利害關係，然後相機行動。懂得以迂爲直方法的將帥就能取得勝利，這是爭奪制勝條件的原則。《軍政》裡說道：「語言指揮不能聽到，所以設置金鼓；動作指揮不能看見，所以設置旌旗。」

這些金鼓、旌旗是用來統一軍隊上下視聽的。全軍上下既然一致，那麼，勇敢的士兵就不能單獨冒進，怯懦的士兵也不敢單獨後退了。這就是指揮大部隊作戰的方法。所以，夜間作戰多用火光、鑼鼓，白晝作戰多用旌旗。這都是出於適應士卒耳目視聽的需要。

對於敵人的軍隊，可以使其士氣低落；對於敵軍的將帥，可以使其決心動搖。軍隊剛投入戰鬥時士氣飽滿；過了一段時間，士氣就逐漸懈怠；到了最後，士氣就完全衰竭了。所以，善於用兵的人，總是先避開敵人初來時的銳氣，進而等到敵人士氣懈怠衰竭時再去打擊，這是掌握運用軍隊士氣的方法。

用自己的嚴整有序來對付敵人的混亂，用自己的鎮靜來對付敵人的輕躁，這是掌握將帥心理的手段。

用自己部隊接近的戰場來對付遠道而來的敵人，用自己部隊的安逸休整來對付疲於奔命的敵人，用自己部隊的糧餉充足來對付饑餓不堪的敵人，這是把握軍隊戰鬥力的秘訣。不要去攔擊旗幟整齊的敵人，不要去進攻陣容雄壯的敵人，這是掌握靈活機變的原則。

用兵的法則是：敵人佔領山地就不要去仰攻，敵人背靠高地就不要正面迎擊，敵人假裝敗退就不要追擊，敵人的精銳不要去攻擊，敵人的誘兵不要加以理睬，對退回本國途中的敵軍不要正面遭遇，包圍敵人時要留出缺口，對陷入絕境的敵人不要過分逼迫。

這些，都是用兵的法則。

【第1章】

兵無常勢，水無常形

「兵無常勢，水無常形」是指因敵制勝的作戰原則。在戰場上，情勢總是在變化，要不斷察知敵情，計算敵人作戰計劃的優劣、分析敵人的行動規律、偵察敵方的地形道路及兵力部署，然後採取靈活的戰略、戰術打敗敵人。

拓跋燾引蛇出洞

引蛇出洞，是欲與敵人決戰，而敵人卻不與我軍交戰時使用的計謀，往往是先製造一些假象，引誘敵軍前來攻打，然後我軍後發制人，戰勝對手。

大夏國主赫連勃勃病死後，太子赫連昌即位。北魏太武帝拓跋燾聽說大夏內部政權不穩，就親率大軍攻打統萬城，但統萬城城池堅固，首次攻城行動未能奏效。

西元四二七年，拓跋燾率領三萬騎兵，日夜兼程，準備第二次攻打統萬城。文武大臣們見拓跋燾打算輕裝前進，都勸他帶著步兵和攻城器械一同前往，萬一攻城不破，後退時也好有一些支援。

拓跋燾卻認為，用兵之道，攻城是下策，如果帶著攻城的器械，敵人必定堅守城池不出戰，這樣時日久了，糧食吃完了，士兵們都被拖得疲憊不堪，那時就進退兩難了。現在敵人看到只有騎兵前來，一定會放鬆警惕，如果能引誘他們出城，就可以戰勝他們。

北魏的士兵離家兩千多里地，又隔著黃河，退路已被截斷，這就是所說的置之死地而後生，用這樣的軍隊打仗，決戰可以取勝，攻城就不行了。於是，拓跋燾讓大部分騎兵埋伏在深谷中，只帶少數人馬來到統萬城下誘戰。

這時，赫連昌的一名將領狄子玉投降了拓跋燾，並報告了一個重要情況：赫連昌聽說魏太武帝要二次攻打統萬城，派人去長安向他弟弟赫連定求助。赫連定讓兄長守好統萬城，等他捉住了北魏大將奚斤，再回師統萬城內外夾擊。

拓跋燾得知赫連昌無意出城迎戰，自己的計劃可能落空，不免有些擔心。如果赫連昌據城不出，自己的糧草不足，就不得不撤軍，必須用計把赫連昌引出城來。

拓跋燾爲了引出赫連昌，就把軍隊全部撤到城北，裝出一副疲弱的樣子，等待赫連昌出城攻打。

正巧這時魏軍有幾個軍士因犯軍法逃到了統萬城內，告訴赫連昌魏軍糧食已吃完，現在只能以野菜充饑，如果主動出擊，必定會取勝。赫連昌馬上改變了守城的計劃，帶著騎兵、步兵三萬人衝出城來。

魏軍假裝向北逃跑。赫連昌一看，以爲魏軍眞的敗退，便兵分兩路包抄上來。這時，吹起了東南風，黃沙蔽日，拓跋燾跟前的一個宦者勸他暫避一時，明日再戰。北魏一個大臣卻認爲千里征戰，不應倉促之間改變作戰計劃，應趁敵人前後脫離、首尾不能相顧時分路出擊，讓對方措手不及。

拓跋燾點頭稱是，吩咐騎兵分路出擊夏軍。交戰中，拓跋燾身中流箭，仍奮勇當先，大夏的軍隊全線崩潰，魏軍終於攻佔了統萬城。

引蛇出洞，是欲與敵人決戰，而敵人卻不與我軍交戰時使用的計謀，往往是先製造一些假象，引誘敵軍前來攻打，然後我軍後發制人，戰勝對手。

英軍用假象摧毀敵艦

英軍利用宣傳上的優勢，採取攻心的策略，大肆散佈虛假消息，騙得敵人的相信，誘導敵人走上錯誤的道路，欺敵戰術十分成功！

一九三九年八月二十一日，德國袖珍型戰列艦「海軍上將斯佩伯爵號」，神不知鬼不覺地潛入南大西洋，在短短三個月的時間裡，擊沉了九艘英船，這項戰績使它成爲全世界的熱門新聞。

憑著多年的海上作戰經驗，駐守拉丁美洲東方海區的英國G艦隊司令哈伍德斷定，「斯佩號」的下一個獵物將是自己的防區，該艦將會在十二月十三日到達拉普拉塔河口。

於是，哈伍德命令分散在各處的三艘巡洋艦全都集中至該河口，準備以「三打一」的方式對付「斯佩號」。

十二月十三日拂曉，「斯佩號」果然如預期開至。哈伍德命令三艘英艦分成兩隊，使敵艦分散火力，顧此失彼。「斯佩號」憑著二百八十毫米大炮的巨大威力對英艦造成重創，但自己也連連中彈，陷入窘境。上午八時，「斯佩號」被迫停泊在烏拉圭首都蒙德維的亞，戰事稍停。

根據國際法，交戰國艦艇在中立國停泊二十四小時後必須自行解除武裝。但是，如果在二十四小時內「斯佩號」從蒙德維的亞殺出來，那麼，沒有一艘英艦能夠阻擋它。制服它的辦法只有一個：不讓它出港，讓它解除武裝。

但怎麼樣才能不讓它出港呢？

有鑑於英國戰艦的實力比「斯佩號」弱的客觀情況，海軍部一方面採取緊急行動，命令離此較近的三支艦隊火速趕往拉普拉塔河口；另一方面，又通過電台大肆宣傳，聲稱拉普拉塔河口外的封鎖線固若金湯，「斯佩號」已經陷入英軍的重重包圍之中。

與此同時，外交活動也在緊鑼密鼓地進行，英國駐烏拉圭大使多次催促烏拉圭當局儘快趕走「斯佩號」。

英國的宣傳戰奏效了，「斯佩號」艦長誤信電波中傳遞的訊息，認爲即使突破了哈伍德艦隊的封鎖，也難以逃脫從四面八方趕來的英國強大艦隊的包圍圈。「斯佩號」已經傷痕累累，就算能衝出包圍，也不能越過萬里海洋及英艦的圍追堵截，回到德國。

艦長自認窮途末路，無奈地將七百多名官兵轉移到德國商船後，然後炸船自沉。隨著一聲驚天動地的爆炸，「斯佩號」沉沒海底。

英軍利用宣傳上的優勢，採取攻心策略，大肆散佈虛假消息，騙得敵人的相信，誘導敵人走上錯誤的道路，欺敵戰術十分成功！

為了欺敵，必須犧牲局部利益

考文垂為了保護「超級機密」而成為「殉難的城市」。欺敵是要付出代價的，為了瞞過對手而犧牲局部的利益，在戰略上來說是值得的，也是需要的。

法國淪陷後，歐洲就剩下英倫三島仍在抵抗德國的攻擊，德國爲了降服英國，開始了強大的進攻。

一九四〇年七月十日，英德兩國的空軍在英倫三島上空展開激烈的空戰。經過一個月戰鬥，佔有空中優勢的德國戈林空軍卻遭受嚴重的損失，被擊落了二九六架飛機，而英國空軍僅損失一四八架，雙方損失比例爲二：一。

英國空軍之所以能取得如此輝煌的戰果，除了擁有千里眼——雷達之外，更重要的是破譯了德軍的無線電通訊密碼，能夠在德國飛機起飛之前就知道對方的進攻目標和參戰飛機的數量、種類。

這一切都歸功於英國外交部密碼分析局破密專家艾爾弗雷德·諾克斯及其助手們。一九三九年年底，歐洲戰爭爆發後不久，諾克斯等人就在波蘭同行幫助下，成功研製了破譯德國密碼的資料處理機「超級機密」。

有了「超級機密」，英國可以輕鬆地破譯德國自認爲無法破譯的「埃尼格馬」密碼。從此，「超級機密」成爲邱吉爾及盟國的一張秘密王牌。「超級機密」在英倫三島空戰中發揮出巨大的威力，像一隻無形的巨手支撐著英國空軍。

一九四○年十一月，德國空軍將轟炸目標轉移到英國飛機生產基地。英國歷史文化名城考文垂是英國飛機生產基地之一，也被德軍列入轟炸目標。

十一月十二日，英國譯電專家準確地破譯了德國空軍將要轟炸考文垂，情報很快擺到了邱吉爾首相的面前。根據這份情報，英國皇家空軍完全有能力保護考文垂不被德機轟炸，在適當的地點狙擊德機編隊，但這樣一來，就可能使疑心頗重的德國發現密碼被破譯，有可能重新編制密碼，那麼英國將很難在短期內掌握德國的核心機密。為了確保「超級機密」發揮更大作用，邱吉爾必須做出巨大的犧牲，那就是……

邱吉爾忍痛下令對考文垂不採取任何保護措施，也不向市民發出防空和撤離的命令，藉此迷惑德國，使德國確信英國尚未破譯出密碼。就這樣，考文垂這座歷史名城在邱吉爾手中毀滅了。

德軍這次轟炸行動的代號是「月光奏鳴曲」，主要目的是使考文垂從英國版圖上消失。為此，德軍出動著名的一〇〇戰鬥機大隊作為先導，轟炸機分別從法國、比利時、荷蘭等地起飛，計劃在考文垂投下十五萬枚燃燒彈、一千四百枚高爆炸彈和一百三十個降落傘地雷。

一九四〇年十一月十四日、十五日夜間，德國轟炸機編隊飛臨考文垂上空，各種炸彈雨點般落下。猛烈的空襲持續了近十小時，考文垂市區化為一片廢墟，四百餘人被炸死，五〇七四九所房屋被摧毀，其中包括歷史悠久的聖麥克爾大教堂。

一位德國隨機記者是這樣描述大轟炸情景的，「大地好像崩裂了，大量熔岩噴向空中，烈火夾著煙雲四處擴散，照得滿天通紅。恐怕是人類空戰史上最大規模和最令人難忘的空襲。」

邱吉爾也不諱言：「從總體看，這是我們遭到的最飽受蹂躪的空襲。」

考文垂爲了保護「超級機密」而成爲「殉難的城市」。

德國對轟炸效果頗爲滿意，經過這次轟炸成功，更加確信自己的「埃尼格馬」密碼系統是無法破譯的，消除了原先心中的疑慮，未對密碼系統加以改變。

邱吉爾出賣考文垂，確保了「超級機密」，爲英國及盟國最終戰勝納粹德國創造了有利的條件。「超級機密」在此後的戰爭進程中發揮出越來越大的威力，掌握了無數絕密情報。

有時候，欺敵也是要付出代價的，爲了瞞過對手而犧牲局部的利益，在戰略上來說是值得的，也是需要的。在各種領域的戰爭也是如此，爲了獲得更大的勝利，暫時或局部地放棄一些既得利益，是不得不用的手段。

盟軍反撲，以快制快

出奇制勝往往都在對方毫無防備，或被迷惑的情況下，採用快速攻勢來實現，當中的關鍵在於利用敵人心理上的弱點，在對方鬆懈的一刻發起攻擊。

一九四四年九至十一月間，盟軍重返歐洲大陸後攻勢凌厲，將西部戰線重又推回到一九四〇年五月德國入侵西歐前的地域。隨後，盟軍著手準備突破齊格菲防線，進入德國境內作戰。

此時，希特勒也想在西線進行一次大規模反攻。

九月十六日，他召集凱特爾等高級將領開了一次特別會議說：「我已經做出一個重大決定，我要轉變戰略，開始反攻。」他指著地圖說：「就從這裡，從阿登出發，目標是安特衛普。這次出擊，一定會把英軍和美軍切斷，給予美軍沉重打擊，把英國趕到北部，直到把他們趕下大海。我們仍然使用快速裝甲部隊開路，沿著我們熟悉的阿登山區前進。現在，我們要儘快做出計劃，做好反攻的準備。但請你們注意，這一行動必須嚴格保密。」

但是，在這個時刻，盟軍已經控制了西歐，蘇聯又在東線掌握戰爭的主動權，希特勒怎麼發動反攻呢？

這時，德軍在阿登地區集中了「B」集團軍群，黨衛坦克第六集團軍、坦克第五集團軍和野戰第七集團軍，連同統帥部預備隊共二十八個師，共二十七萬人，有火炮和迫擊炮二六一七門，坦克和強擊火炮四百輛，飛機約八百架。另外，還可望得到從本土和其他地區抽調的部隊支援。

盟軍總實力遠遠超過德軍，但低估了德軍的反攻能力，從未考慮德軍進行反撲的可能性，因而對組織防禦，特別是阿登地區的防禦並未特別重視。在阿登地區長達一一五公里的戰線上只部署了美國第一集團軍的五個師，共八．三萬人。結果，在阿登這個局部地區，德軍兵力佔據優勢。

十二月十六日晨五時三十分，德軍實施炮火準備後，在數百架探照燈照耀下發起進攻。

美軍由於放鬆了對德軍反攻的警惕而不得不後撤。至十二月二十日，德軍突破美軍防禦正面一百公里，突入縱深三十至五十公里，形成了一個很大的突破口，繼續向馬斯河推進。

這時，艾森豪才清醒地認識到，這是一次重大的攻勢行動，必須認眞對待，首先要制止德軍渡過馬斯河。

艾森豪在軍事會議上下令增援阿登地區的防禦力量，派巴頓將軍在突出部南部發起猛攻，又利用強大的航空兵對德軍實行大規模空襲，德軍在馬斯河畔被阻。

但是，德軍並沒有就此放棄反撲計劃，調來一個精銳師，出動一千多架飛機，對突出部附近的盟軍機場進行幾個月以來最激烈的轟炸，炸毀了停留在機場的盟軍飛機二百六十架。

鑑於德軍發起新的進攻，艾森豪感到單純依靠巴頓的部隊從南面進攻是不行的，決定將突出部北面的美國第一集團軍投入到突出部的戰鬥，徹底解決阿登危機。

邱吉爾也給史達林發去電報，請求配合西線作戰。蘇聯在東線一萬二千公里正面發動強大攻勢，希特勒不得不調集軍隊增援東線以防蘇聯攻入德國本土。

盟軍藉機加快了進攻速度，經過激烈交戰，德軍奪路向東逃竄，盟軍進行追擊。一九四五年一月底，德軍被全部趕回到原出發陣地。至此，德軍在阿登地區的反撲被徹底粉碎，希特勒在這裡重現一九四〇年輝煌業績的企圖成了泡影。

此戰，德軍傷亡和失蹤八十二萬人，損失坦克和強擊火炮六百輛，飛機一千六百架，各種車輛六千輛。盟軍損失七十七萬人，另有大量武器裝備被擊毀。

由於阿登反撲的徹底失敗，使希特勒再也無力進行西線反攻，而盟軍也記取了教訓，穩紮穩打向柏林逐步推進。

出奇制勝往往都在對方毫無防備，或被迷惑的情況下，採用快速攻勢來實現，當中的關鍵在於利用敵人心理上的弱點，在對方鬆懈的一刻發起攻擊。經濟和政治領域的角逐也是如此，奇特的進攻往往令對手防不勝防。

透過各種關係向對手施加壓力

競爭的手段要按實際情況來進行，在產品品質及成本都弱於對手時，就使用非正式手段——壓迫！透過各種關係向對手施加壓力，迫使對方讓步。

美國摩托羅拉公司是生產電子產品的國際性公司，早在一九五九年，就在日本東京設立了分公司，逐漸滲透到日本電子產業之中。

日本通產省對此一直耿耿於懷，曾授意幾家電子公司，要不惜一切力量，設法將它擠出日本。怎奈，以當時日本的經濟實力，要想趕走摩托羅拉公司，還無能爲力，必須耐心等待時機。

一九七三年，摩托羅拉公司打算將生產的彩色電視機出口到日本，爲此與日本一家小公司接洽。

這無疑使通產省更加惶恐不安，認爲允許摩托羅拉這樣的美國大企業涉足受到政府保護的日本市場，必將危及國內的彩電高價格政策，而且還會影響日本對美國低價傾銷彩電的一系列步驟。

爲了制止摩托羅拉的這一行動，通產省命令松下公司直接與摩托羅拉談判，爭取購買其彩電製造權。

松下公司用計，一面與摩托羅拉公司談判，一面派人到美國政府秘密遊說。它故意透露出日本政府的決心，指出如果摩托羅拉一意孤行，那麼日本將對其進口彩電課以重稅，試圖通過美國政府出面，迫使摩托羅拉就範。

此時，美國政府正忙於應付中東危機，無意與日本在這個問題上過多糾纏，同時也考慮到美國在歐洲的長遠利益，於是希望摩托羅拉做出讓步。

摩托羅拉公司受到兩方面的壓力，看到出口日本的彩電利潤微薄，得不償失，只得與松下達成協定，將在日本的彩電製造權出讓，同時停止美國國內和台灣廠商合作生產彩電。

但摩托羅拉也要求松下公司必須在其他產品的製造技術上與摩托羅拉合作。松下公司滿口答應了摩托羅拉的要求，並爲此付出了一億日元的轉讓金。

就這樣，松下公司雙管齊下，在通產省大力資助下，把在日本惟一具有競爭力的美國企業徹底趕出日本市場。

競爭的手段要按實際情況來進行，在產品品質及成本都弱於對手時，就使用非正式手段——壓迫！透過各種關係向對手施加壓力，迫使對方讓步。

孫知縣斷「爭妻」案

武官的兒子背起地上的「死屍」，大步走出公堂。孫知縣以此「迂迴」之計，使這棘手的「爭妻」案得以完美解決。

清朝時，合肥縣民劉某之女小嬌先後許給三家：一個武官的兒子、一個商人、一個小財主。三家人爲了娶小嬌互不相讓，最後告到了縣衙。

合肥孫知縣受理「爭妻案」後，思索再三才理出頭緒，宣佈開庭審案。

武官的兒子申訴說：「小嬌是自幼由父母做主許配給我的，理應我娶。」

商人說：「你一走十多年，沒有音訊，小嬌的父親死了，小嬌的母親才把小嬌許配給我，理應我娶。」

小財主說：「你去經商，一去就是兩年，連個話也沒捎回來，小嬌已十八歲，不能在家久等，我已送了聘禮，理應我娶小嬌。」

孫知縣聽罷，對小嬌說：「妳一個姑娘不能嫁給三個男人，本官又不能偏袒任何一方，妳願意嫁給誰，可挑選一個。」

眾目睽睽之下，一個女孩子怎麼好張嘴「選」丈夫呢？只見小嬌含羞低頭，一言不發。

孫知縣連連催問，小嬌只是不說話。孫知縣問得火起，喝道：「此案本是荒唐，妳又不肯開口，說！妳到底想要如何？」

小嬌又羞又恨，被逼問得無話可答，一氣之下，喊道：「我想死！」

孫知縣：「此話可是當眞？」

小嬌羞憤已極，心想：「事已至此，不管嫁給誰，另外兩個人都不會罷休，如今在公堂之上，出了這麼大的醜，以後還如何做人？不如一死了之。」於是毅然喊道：「我只願馬上就死！」

孫知縣一拍驚堂木，說道：「一女嫁三夫，古來未有，看來此案只有如此，方可了結！來人！拿毒酒來！」

一個差役應聲走到孫知縣面前，孫知縣寫下一張字條，命差役去庫房中取毒酒。差役接過字條，轉身離去，不一會兒捧回來一瓶「毒酒」，放到小嬌面前。小嬌一狠心，含淚捧起毒酒，咕嚕嚕喝下肚去，痛苦地捧著肚子，在地上翻了幾個滾，直挺挺地躺倒在地。

差役走上前，摸摸小嬌的鼻子，對知縣說：「死了！」

孫知縣對堂下的三個男人說：「你們誰要此女，就把她拉走！」

三個男人你看我，我看你，都不開口。

孫知縣對小財主說：「你已送下聘禮，此女歸你，你可速速背走！」

小財主說：「我的轎子怎能坐一個死人！」

孫知縣又讓商人背走，商人也一口回絕。

武官的兒子見狀，走上前說：「我奉父親之命娶小嬌爲妻，小嬌雖然死了，但也是我的妻子，我要用喪妻之禮埋葬她！」說罷，背起地上的「死屍」，大步走出公堂。

武官的兒子背著小嬌回到客店，忽然發現她還有一口氣，於是把她放在床上，守候在床邊。

當天晚上，小嬌醒來，恢復如初，兩人遂結爲夫妻。

原來，孫知縣在字條上寫的幾個字是：取麻藥酒。孫知縣以此「迂迴」之計，使這樁棘手的「爭妻」案得以完美解決。

不說話打贏官司

遇到情勢不利於自己，以退為進，後發制人，無疑是一記厲害招數。故事中的窮人先三緘其口，靜待情勢發展，終於讓對方說出不利自己的供詞。

某天，一個窮人騎馬到外地去，到了中午，把馬拴在一棵樹上，然後坐到一邊去吃飯。不久，一個有錢人騎馬來到這裡，也把馬拴在那棵樹上。

窮人吃了一驚，連忙說：「請不要把馬拴在那裡，我的馬還沒馴服，恐怕會踢死你的馬！」

有錢人回答：「我想拴哪裡就拴哪裡，用不著你一個鄉巴佬來教訓我！」

拴好馬後，有錢人也坐下來吃飯。

過了一會兒，眞如窮人警告的那樣，兩匹馬互相踢咬起來，不待雙方的主人跑上前，窮人那匹野性未馴的馬已把對方的馬踢死了。有錢人勃然大怒，扯住窮人，把他帶到法官那裡，要求賠他的馬。

法官問窮人：「你的馬是怎樣踢死他的馬的？」

窮人心想：「他是有錢人，跟他爭辯也說不清楚，不如先不說話，且看看他怎麼說。」於是一言不發。

法官又問：「你的馬眞的踢死了他的馬嗎？」

窮人還是閉口不言。

法官一連串提出了許多問題，窮人就是不開口說話。

法官對有錢人說：「你看，他是個啞巴，不會說話，怎麼辦呢？」

有錢人急了，「他不是啞巴！剛才見到他時，他還說話了呢。」

法官問：「他說什麼了？」

有錢人說：「他說：『請不要把馬拴在那裡，我的馬還沒馴服，恐怕會踢死你的馬！』」

法官皺起眉頭說：「這麼看來，過錯不在於他。他已在事先警告過你，因此，他不用賠償你的馬。」

有錢人只好自認晦氣。

法官又問窮人：「你爲什麼不回答我的問話呢？」

窮人回答道：「法官先生，我是個窮人，一時間又找不到什麼話來爲自己辯護。我想，還是由他自己來說吧。現在，他不是把問題說得很清楚了嗎？」

遇到情勢不利於自己，以退爲進，後發制人，無疑是一記厲害招數。故事中的窮人先三緘其口，靜待情勢發展，終於讓對方說出不利自己的供詞。

【第2章】

以迂為直，後發先至

孫子提出「以迂為直，以患為利」的致勝法則。所謂「迂」，就是迂迴曲折。意思是軍隊開進時，如果能變迂迴遠路為直達，變患害為有利，就可以先敵佔領有利地形。孫子強調，戰場指揮官必須主動積極，努力化不利因素為有利因素。

呂不韋的丞相之路

子楚即位做了國君，史稱秦莊襄王。秦莊襄王為了感激呂不韋，封呂不韋做丞相，呂不韋的發財、權勢之夢完全實現了。

《孫子兵法》裡論述了怎樣化不利因素爲有利因素，提出了「兵以詐立，以利動，以分合爲變」的重要原則。

孫子認爲可以採取迂迴之法迷惑敵人，用區區小利引誘和遲滯敵人，這樣便可調動敵人，從容開進。同時，還必須充分掌握敵方的意圖，察知行軍地形、利用嚮導引路，從而達到「後人發，先人至」的預期目的。

孫子還用形象生動的語言指明了爭奪先機的軍隊必須具備的行動特徵：有利可

圖時，行動「其疾如風」，無利可奪時「其徐如林」；進攻時「侵掠如火」，防禦時「不動如山」；隱蔽時「難知如陰」，衝鋒時「動如雷震」。

呂不韋是戰國時韓國陽翟地方的大商人，到趙國都城邯鄲做買賣時遇到了在趙國做人質的秦國王孫子楚。

呂不韋認爲子楚不但是發財的「搖錢樹」，還可以使自己得到許多政治上的好處，於是找上子楚，對他說：「你是秦國的王孫，可是處境太艱難了，我可以助你一臂之力，光大你的門庭。」

子楚苦笑道：「先生，有話請講。」

呂不韋道：「我聽說你祖父已立你父親安國君爲太子，你父親將來就是國君，難道你不想做太子嗎？」

子楚說：「我們兄弟二十多人，我是最不得父親和祖父歡心的，所以才被派到趙國來做人質，即使是父親做了國君，也輪不到我做太子啊。」

呂不韋說：「你父親安國君最寵愛華陽夫人，但是華陽夫人卻沒有兒子，所以直到現在，你父親也沒有確立自己的繼承人。我們不能直接找你父親安國君，但是卻可以走華陽夫人那條路啊！」

子楚心領神會，對呂不韋說：「若有這麼一天，我願與您同享秦國的天下。」

呂不韋當即拿出五百兩金子交給子楚，讓他在趙國廣交朋友，壯大聲勢，隨後親自拿著五百兩黃金到秦國為子楚活動。

呂不韋先用珍寶買通了華陽夫人的姐姐，然後以子楚的名義託她將一大批奇珍異寶送給華陽夫人，並說子楚在趙國日日夜夜不忘華陽夫人，視華陽夫人為自己的親生母親。

華陽夫人得到這麼多的禮物，又聽到子楚惦念自己，心裡當然很高興。她的姐姐乘機把呂不韋教她的話跟華陽夫人說了一遍：「妹妹現在年輕又漂亮，得到安國君的寵愛，可是妳不能生育，連個兒子也沒有，將來老了怎麼辦？」

華陽夫人被說中了心事，頓時不安起來，「照姐姐的意思，該怎麼辦呢？」

華陽夫人的姐姐說：「不如趁早認一個兒子，讓安國君立他為太子，到那時候，太子感恩圖報，妹妹就沒有後顧之憂了。照我看，子楚又孝順又賢德，妹妹認子楚做兒子就可以。」

華陽夫人認為姐姐的話有道理，於是找了個機會對安國君說：「我得到您的寵愛，眞是三生有幸。可是，我沒有兒子啊，萬一您有個好歹，我該怎麼辦啊？您的兒子之中，子楚最為賢明，我想認他做兒子，並請您立他為太子，將來我老了也好有個依靠。」

安國君對華陽夫人百依百順，立刻答應了華陽夫人的請求，立子楚為自己的繼承人。幾年後，子楚的祖父秦昭王死了，安國君繼任國君，史稱秦孝文王。子楚在呂不韋的幫助下，偷偷從趙國回到秦國，做了太子。

秦孝文王在位僅一年多就死了，子楚於是即位做了國君，史稱秦莊襄王。秦莊襄王為了感激呂不韋，封呂不韋做丞相。呂不韋的發財、權勢之夢完全實現了。

斯坎德培臥薪嚐膽光復祖國

阿爾巴尼亞的復國故事說明，人處於劣勢時要學會忍耐，否則將小不忍亂了大謀。小忍是為了謀求以後的大成就。

十四世紀末，歐亞地區的強國土耳其入侵歐洲小國阿爾巴尼亞。阿爾巴尼亞第勃拉地區的領主沃．卡斯特里奧蒂被迫臣服於土耳其。爲了證明自己對土耳其蘇丹的忠誠，他把三個兒子送往土耳其的首都埃地爾內作爲人質。

沃．卡斯特里奧蒂送去做人質的三個兒子中有一個名叫斯坎德培，精力充沛、機智過人，很快引起了土耳其蘇丹的注意和器重，把他送進宮廷學校學習。後來，斯坎德培以優異的成績從土耳其軍事學校畢業，並參加了土耳其軍隊對外國征戰。

在戰鬥中，他表現出衆，贏得了蘇丹的信任，並被封爲貴族。一四三八年，土耳其蘇丹封他爲克魯雅的領主——蘇巴什。

但是，斯坎德培內心深處卻恨透了土耳其蘇丹。他長期棲身敵巢，爲的就是獲取信任，等待有朝一日光復祖國。

斯坎德培深知，想要再造國家，必須做長期、謹慎的準備，抓住最好的時機一舉成功，絕不能輕舉妄動。否則的話，將功虧一簣，全盤皆輸。爲此，他忍辱負重，做好長期艱苦積累的準備。他與原阿爾巴尼亞公國的大公們進行廣泛的聯繫，同時秘密地和不滿土耳其人的威尼斯共和國和臘古札共和國取得聯繫。

一四四〇年，斯坎德培被調往第勃拉地區任最高長官。這期間，他繼續秘密地進行準備，並和鄰近的那不勒斯和匈牙利接觸，建立暗中關係。

在斯坎德培任第勃拉長官期間，被征服的阿爾巴尼亞人民對壓迫、掠奪他們的土耳其人愈來愈仇恨，積極準備武裝起義。農民們多次懇請斯坎德培率領他們起事，反抗土耳其人，但是，斯坎德培沒有回應他們的懇求，繼續裝做全心全意效忠於土耳其蘇丹。

斯坎德培知道，時機還沒成熟，如果倉促起事，那麼二十年的忍耐，就會毀於一旦。他仍然不動聲色地忍受、等待，承受著本國人民的誤解。

一四四三年秋天，期待已久的時機終於來到了。前一年，匈牙利人對土耳其人進行反攻，取得重大戰果，並且計劃在這一年展開更大規模的進攻，把土耳其人徹底趕出匈牙利國土。為此，匈牙利聯絡了巴爾幹半島上的各個國家，和它們結成聯盟，也派人與斯坎德培聯繫，光復阿爾巴尼亞的有利形勢已經形成。

這同時，反對土耳其的羅馬教皇也不斷向阿爾巴尼亞的封建主們施加壓力，要他們一俟匈牙利軍隊向南推進，就立即拿起武器。在教皇的壓力下，封建主們也加緊準備。阿爾巴尼亞反對土耳其的國內形勢也進一步具備了。

這時，土耳其蘇丹對匈牙利軍隊的進攻十分恐懼，把軍事力量集結在多瑙河邊以阻擋匈軍，駐守阿爾巴尼亞的士兵很少。

一四四三年十一月三日，匈牙利軍隊跨過多瑙河，直逼尼什城，土耳其部隊士氣動搖，總司令巴夏下令土軍後撤。

千載難逢的機會到了，斯坎德培在土軍撤退的一片混亂中，率領三百名阿爾巴尼亞人組成的騎兵隊伍從前線回到第勃拉，發動起義。

第勃拉的阿爾巴尼亞人熱烈響應斯坎德培。斯坎德培決定乘土耳其軍隊昏頭轉向之際，把國內所有要塞都拿到手。他把第一個目標選在戰略要地克魯雅，利用自己是土耳其蘇丹寵將的身份詐開城門。當天深夜，他將隱藏在森林中的大批部隊偷偷放入城中，突襲城中土軍。土軍驚慌之下，束手被殲。

斯坎德培繼續進攻，各地阿爾巴尼亞人民群起響應，反對土耳其的武裝總起義開始了。由於斯坎德培長期隱蔽的準備和選擇了良好的時機，起義十分順利。土耳其人萬萬沒料到斯坎德培的舉動，一時措手不及，連遭重創。

一四四三年十一月八日，斯坎德培宣佈恢復阿爾巴尼亞公國，在克魯雅白色的城堡上升起了阿爾巴尼亞的國旗——紅底上一隻黑色雙頭鷹。

阿爾巴尼亞的復國故事說明，人處於劣勢時要學會忍耐，否則將小不忍亂了大謀。小忍是爲了謀求以後的大成就。

薩克斯說服羅斯福製造原子彈

薩克斯不直接談原子彈問題，卻運用歷史上發生的事實來說明問題，終於說服羅斯福做出了歷史性的重大決定。

一九三七年十月十一日，羅斯福總統的私人顧問薩克斯受愛因斯坦等科學家的委託，前去會見羅斯福，要求他重視原子能研究，搶在德國之前製造出原子彈。薩克斯先向羅斯福面呈了愛因斯坦的長信，接著讀了科學家們關於發現核裂變的備忘錄。然而，總統根本聽不懂那些枯燥的科學論述。

薩克斯談得口乾舌燥，羅斯福卻說：「這些都很有趣，不過政府若在現階段干預此事，似乎還為時過早。」

羅斯福十分冷淡地回絕了薩克斯的一腔熱情，事後為了表示歉意，邀請薩克斯共進早餐。薩克斯十分珍惜這個機會，在公園裡徘徊了一整夜，苦苦思索說服總統的辦法。

第二天一早，薩克斯與羅斯福剛坐下，羅斯福就說：「你又有什麼絕妙的想法？在吃飯之前講完吧。」他把刀叉遞給薩克斯，說道：「今天不許再談愛因斯坦的信，明白嗎？」

「我想談一點歷史，」薩克斯知道，總統不懂得物理學，但對歷史很感興趣。接著說：「英法戰爭時期，在歐洲大陸上一往無前的拿破崙，在海戰中卻不盡如意。一次，一位名叫富爾頓的美國人來到這位偉人的面前，建議把法國戰艦的桅桿砍斷，裝上蒸汽機，把木板換成鋼板，並且保證，這樣便可所向無敵，很快拿下英倫三島。拿破崙卻想，船沒有風帆就不能走，木板換成鋼板必然會沉沒，認為富爾頓是一個瘋子，於是把他趕了出去。歷史學家們在評述這段歷史時認為，如果拿破崙採取富爾頓的建議，十九世紀的歷史將重寫。」

羅斯福的臉色變了，十分嚴肅。他沉思了幾分鐘，然後斟滿一杯酒，遞給薩克斯，微笑著說：「你贏了！」

薩克斯激動得熱淚盈眶，知道勝利一定會屬於盟軍了。

薩克斯不直接談原子彈問題，卻運用歷史上發生的事實來說明問題，使不懂物理學的羅斯福理解，並接受了科學家們的建議，終於說服羅斯福做出了歷史性的重大決定。

魏蜀爭奪漢中

劉備將不利因素化為有利因素，成功地搶佔軍事要地——定軍山，爭得了這場戰爭的制勝權，最終佔據了漢中，迫使曹軍退出四川。

赤壁之戰後，劉備佔據了荊州、益州，與佔據黃河流域的曹操、佔據江南的孫權形成了三足鼎立的形勢。

西元二一五年，曹操消滅了西北的馬超、韓遂勢力後，便親率大軍進攻漢中的張魯，打算佔據漢中。

張魯是東漢時期「五斗米道」的傳教人，被東漢統治者封爲鎭民中郎將後，領漢寧太守。張魯得知曹操進攻漢中，自思以漢中一隅之地，不足與曹操對抗，想投降曹操，但他的弟弟張衛不同意。

張衛在曹軍到達平陽關（今陝西勉縣西北）時，率領一萬多人拒關堅守，但平陽關最終還是被曹操攻破，張魯及巴中地區的首領均投降曹操。因此，曹操基本上控制了漢中及巴中地區。

這時曹操的軍隊駐紮在漢中，司馬懿曾建議抓住時機進攻益州，但曹操鑑於西蜀守備不易攻破，且自己後方還不穩定，因而沒有採取軍事行動。不久，他把原駐守在長安的大將夏侯淵調來駐守漢中，自己領兵回到中原。

漢中的地理位置對於劉備、曹操來說都十分重要。它是四川東北的門戶，曹操佔據漢中，將使益州北方無險可守，這對佔據四川不久的劉備無疑形成了極大的威脅；而漢中如果被劉備佔據，那麼劉備則進可以攻關中，退可以守益州。因此，劉備決心將漢中奪回自己的手中。

西元二一七年，劉備親率主力進攻漢中，留諸葛亮守成都，負責軍需供應。劉備選精兵萬餘輪番攻陽平關，但始終沒能得手，雙方在陽平關相峙一年有餘。

到了西元二一九年正月，劉備經過充分準備與策劃，決定採取行動以改變這種長期相持的局面。劉備率軍避開地勢險要、防守嚴密的陽平關，南渡漢水，沿南岸山地東進，一舉搶佔了軍事要地定軍山。

定軍山是漢中西面的門戶，地勢險要，劉備佔領定軍山，就打開了通向漢中的道路，並且威脅著陽平關曹軍側翼的安全。夏侯淵被迫將防守陽平關的兵力東移，與劉備爭奪定軍山。

爲防止劉備進軍和北上，曹軍在漢水南岸和定軍山東側建營壘，修圍寨，設鹿角（一種柵欄式的防禦工事）。劉備軍夜攻曹營，火燒南圍鹿角。夏侯淵命張郃守東圍，自己率輕騎前往救南圍。劉備軍又急攻東圍，並派黃忠率精兵埋伏在東、南圍之間的險要地段。張郃不支，夏侯淵又急忙率軍回援東圍。黃忠居高臨下，以逸待勞，突然攻擊行進中的夏侯淵。夏侯淵毫無防備，部隊潰逃，本人也被黃忠斬殺，張郃率軍退守陽平關。

夏侯淵死後，曹軍由張郃統領，曹操得知漢中戰場失利，親率主力從長安出斜谷，迅速趕赴陽平前線救援。這時，蜀軍士氣旺盛，劉備通過定軍山爭奪戰改變了以前的被動局面，也信心十足。他對隨從的部將說：「曹操雖然再來，也將是無能爲力了，漢中必然歸我所有。」

待曹操到達漢中後，劉備利用有利地形拒守險要之處，不與曹操決戰，同時遣游擊擾襲曹軍後方，卻其糧草，斷其交通。曹軍攻險不勝，求戰不得，糧食缺乏，軍心恐慌，毫無鬥志，士卒逃亡者不少。一個多月後，曹操不得不放棄漢中，全軍撤回關中。

劉備如願佔據了漢中，不久又派劉封、孟達等攻取了漢中郡東部的房陵（今湖北房縣）、上庸（今湖北竹山西南）等地，勢力得到了擴大與鞏固。

在漢中之爭開始時，劉備在爭奪戰中處於不利的地位，但由於使用「迂迴之計」，將不利因素化爲有利因素，成功地搶佔軍事要地——定軍山，爭得了這場戰爭的制勝權，最終佔據了漢中，迫使曹軍退出四川。劉備取得了這場戰爭的勝利，也鞏固了自己在四川的統治權。

這番迂迴側擊的話說得觀眾大笑，紛紛鼓掌，南洋公司的經理也大喜過望。此後，「白金龍」果然名聲大振，銷量日增。

說話要懂得製造效果

二〇年代，上海灘有一位家喻戶曉的滑稽演員杜寶林，時稱「一代笑星小熱昏」、「上海灘第一笑嘴」、「吃開口飯之絕才」。他除了在戲台上大顯身手之外，還經常用如簧之舌爲一些廠商做廣告。

當時，形形色色的外國香煙霸佔市場，國產煙要打開銷路十分困難，南洋兄弟煙草公司一籌莫展之餘請杜寶林幫幫忙，杜寶林當即答應。

某次演出時，他巧妙地將話題扯到了吸煙：「抽香煙其實是世界上頂壞頂壞的事，怎麼講？花了錢去買尼古丁來吸嘛。有人講，『吸煙還不如吸屁』，因爲屁裡還有三分半氣，而煙裡除了毒，什麼也沒有，我老婆就因爲我喜歡抽煙，天天跟我吵著離婚。所以，我奉勸各位千萬不要吸煙。」

聽衆哈哈大笑，連連點頭，在場的南洋公司經理卻氣得七竅生煙，恨不得把他拉下台！

隨即，杜寶林話鋒一轉：「不過，話講回來，戒煙是世界上最難最難的事。我十六歲起就天天想戒煙，戒到現在已經十幾年了。煙不但沒有戒掉，癮頭卻越來越大了。不是觸自己霉頭，我老婆天天怕我得肺病，進火葬場。我橫想豎想，最好的辦法是吸尼古丁少的香煙。大家都曉得，洋煙的尼古丁特別多，所以千萬不要去買。我向各位透露一個秘密：目前市場上的煙，要數『白金龍』尼古丁最少。信不信由您：我自從抽『白金龍』後咳嗽少了，痰沒了，老婆也不跟我鬧離婚了……」

這番迂迴側擊的話說得觀衆大笑，紛紛鼓掌，南洋公司的經理也大喜過望。此後，「白金龍」果然名聲大振，銷量日增。

取人之長，才能迎頭趕上

大力引進外國技術、資金和人才，是發展中國家經濟騰飛的必要條件。戰後日本經濟的飛速發展，正是日本企業界善於取人之長、補己之短的結果。

戰後初期，日本企業界普遍重視自主開發，發展經濟。然而，當時日本的技術水準遠遠落後於歐美各國，僅僅依靠自己的努力，要趕超歐美殊非易事。

這時，發生了一件轟動日本企業界的事情：東麗公司以暫付特許權使用費三百萬美元、特許專利費爲銷售額三%的高價，從美國杜邦公司引進了尼龍技術。

已經自主開發尼龍技術取得成功的東麗公司，爲什麼要花費如此巨大的資金引進尼龍技術呢？日本企業界都對此迷惑不解。

東麗肯以鉅資買進自己已經試製成功的技術，自然有自己的考慮。他們認爲，自己雖然研製出了產品，但是技術不如杜邦，紡紗、加工、染色等都難以用來製成合成纖維的主要產品——衣料。因此，東麗才下了大的賭注，引進了杜邦技術。

投產後僅兩年，東麗便轉虧爲盈，第四年即補回了歷年的虧損，成了高利潤的企業，更一躍佔據了紡織業的第一把交椅。

東麗公司的成功，引起了日本紡織業界的注目。當時，許多日本企業都在自主開發合成纖維——維尼綸，都希望能用維尼綸國產技術對抗美國杜邦的尼龍。但由於維尼綸品質劣於尼龍，在強度和價格上都難以與棉紡織品和人造絲製品競爭，生產陷入窘境。東麗大膽引進尼龍的成功，對紡織業產生了巨大的影響，業界紛紛把眼光轉向外國，也開始引進各項外國的技術。

不僅如此，其他產業部門也受到東麗的衝擊。以夏普公司爲先鋒，日本掀起了引進黑白電視機技術的熱潮。索尼公司更大膽地引進了美國的半導體技術，開發了衆多的電子產品，又促成了引進半導體技術的熱潮。

在紡織業、家電業成功引進國外技術的鼓舞下，日本的鋼鐵工業、重電工業、石化工業等紛紛從自主開發轉向技術引進。現代化起步後的大約十年間，日本技術革新的重點明顯地轉向引進外國技術。

引進、模仿、改良，從科學價值來看顯然不如創造、發明，但日本卻把它視爲經濟發展的重要戰略。日本用了不到二十年的時間，僅僅花費四十多億美元，就把歐美費了幾十年、花了數千億計的研究成果大部分拿到手，迎頭趕上了世界先進技術水準。

大力引進外國技術、資金和人才，是發展中國家經濟騰飛的必要條件。戰後日本經濟的飛速發展，正是日本企業界善於取人之長、補己之短的結果，無疑爲落後國家發展經濟樹立了良好的典範。

趙襄子滅智伯

智伯滅亡後，晉國的大權旁落在趙、魏、韓三家之中。趙、魏、韓三家聯合，滅掉智伯，瓜分晉國，全仗趙襄子機智行事，才能返死為生。

晉國是戰國初期的大國，但掌握國家大權的卻不是國君，而是智伯、趙襄子、魏桓子和韓康子四個人。

智、趙、魏、韓四家統治晉國，其中智伯的勢力最大，但他並不滿足，時刻想滅亡趙、魏、韓，獨霸晉國。

西元前四五五年，智伯以國君的名義要求趙、魏、韓三家各拿出一百里土地和戶口送歸公家，表面上是爲公，實際上是爲了削弱趙、魏、韓三家的力量。魏桓子和韓康子懼怕智伯，只好忍痛交出土地和戶口，但趙襄子一口回絕道：「土地是祖先傳下來的，我不能隨便送給別人！」

智伯聞報大怒，立即召集魏桓子和韓康子來到自己府中，對他們說：「趙襄子竟然敢違抗國君的命令，不可不伐。滅掉趙襄子後，我們三家平分趙襄子的土地、戶口。」

魏桓子和韓康子不敢不聽從智伯的話，又見可以分得一份好處，便各自率領一隊人馬隨智伯去進攻趙襄子。趙襄子情知不敵智、魏、韓三家聯軍，急忙退到先主趙簡子的封地晉陽（今山西太原市西南），依靠堅固的城牆、豐足的糧食和百姓的擁戴，以守為攻。

智伯指揮智、魏、韓三家人馬把晉陽城圍得水洩不通，趙襄子率城內百姓同仇敵愾。激烈的戰鬥持續打了兩年多，智伯仍在晉陽城外，趙襄子仍在晉陽城頭，雙方難以決出勝負。

智伯勞民傷財，又恐日久人心生變，千方百計想要儘快結束這場戰爭。某天，智伯望見晉水遠道而來，繞晉城而去，立刻有了主意。他命令士兵們在晉水上游築起一個巨大的蓄水池，再挖一條河通向晉陽城，又在自己部隊的營地外築起一道攔水壩，以防水淹晉陽城時也淹了自己的人馬。

蓄水池築好後，雨季到來。

智伯待蓄水池蓄滿水後，命人挖開堤壩，洶湧的大水即沿著河道撲向晉陽城，將晉陽全城泡在水中。但是，晉陽城軍民爬上房頂，登上僅剩六尺未淹的城牆上，堅持守護晉陽，寧死也不投降。

智伯得意忘形，大笑道：「我今天才知道水可以用來滅亡別人的國家！」

趙襄子對家臣張孟談說：「情況已十分危急了，我看魏、韓兩家並非眞心幫助智伯，我們今天滅亡了，明天就會輪到他們，你去找魏桓子和韓康子吧！」

張孟談連夜出城找到魏桓子和韓康子，對他們說：「智伯今天可以用晉水灌晉陽，明天就會用汾水灌安邑（魏都）、用絳水灌平陽（韓都），我們爲什麼不聯合起來消滅智伯，平分智伯的土地呢？」

魏桓子和韓康子正在擔心自己會落得與趙襄子一樣的下場，於是和張孟談定下除掉智伯的計策。

兩天後的晚上，趙襄子與魏桓子、韓康子共同行動，殺掉守堤的士兵，挖開護營的堤壩，咆哮的晉水頓時湧人智伯的營中。智伯從夢中驚醒，慌忙涉水逃命，但前有趙襄子，左有魏桓子，右有韓康子，最後智伯被殺死，智氏的軍隊也全部葬身大水之中。

智伯滅亡後，晉國的大權旁落在趙、魏、韓三家之中，後來三家分晉，獨立爲趙國、魏國和韓國。趙、魏、韓三家聯合，滅掉智伯，瓜分晉國，全仗趙襄子機智行事，才能返死爲生。

製造假象，行銷更有效

高明的企業家要在競爭中取勝，可在表面上走迂迴曲折的道路，實際上為更有效地獲利創造條件。《孫子》所說「先知迂直之計者勝」，正是這個意思。

二次大戰後，美國一家小工廠的廠長威爾遜在市場調查和預測中，看準了飛速發展的各類資訊事業對新技術的要求。他順應這一趨勢的要求，經過精心策劃，又特請了一位慕尼黑工業大學畢業的德國青年進行研究，很快製成了新式影印機。這種機器能很快印出乾燥的文件，成本也不高。威爾遜獲得了專利權，由塞克邏斯公司進行生產。

當時正值二次大戰的硝煙剛過，科學技術迅猛發展，新式影印機的問世，加快了資訊資料的傳遞速度。人們迫切需要這種新式產品。威爾遜完全可以靠出售這種影印機致富。

然而，令人疑惑不解的是，威爾遜在給產品定價時，把成本只有二千四百美元的影印機定價爲二．九五萬美元，價格之高，令人咋舌。

高出成本二．七一萬美元，利潤收入超出了美國法律的許可範圍，影印機終被禁止出售。

這個結果正是威爾遜期望的。媒體質疑他爲何定這樣高的價格時，威爾遜說：「我知道這樣高的定價可能一台機器也賣不出去。但是這正合我的本意，我的用意不是賣產品，而是開展複印服務！」

威爾遜這樣說是有道理的。

當時，這種產品的性能獨一無二，開展影印機的出租服務，自然大受人們的歡迎。威爾遜在各地開設了複印出租服務部門，既承攬複印業務，也出租影印機，生意非常興隆，這種出租服務獲得了極大成功。

想要更有效推銷商品，有時需要製造一些假象。

假象的製造，要以促成眞實目的的實現爲原則。威爾遜給影印機定高價是假象，以此擴大影印機的出租和服務才是眞實目的。他所製造的假象，促成了眞實目的的實現，值得我們借鑑。

直中見曲，曲中見直，是高明的行銷謀略。高明的企業家要在競爭中取勝，可在表面上走迂迴曲折的道路，實際上爲更有效地獲利創造條件。《孫子》所說「先知迂直之計者勝」，正是這個意思。

孫子兵法完全使用手冊：其徐如林

作　　者　左逢源
社　　長　陳維都
藝術總監　黃聖文
編輯總監　王　凌
出 版 者　普天出版社
新北市汐止區康寧街 169 巷 25 號 6 樓
TEL / (02) 26921935 (代表號)
FAX / (02) 26959332
E-mail：popular.press@msa.hinet.net
http://www.popu.com.tw/
郵政劃撥 19091443 陳維都帳戶
總 經 銷　旭昇圖書有限公司
新北市中和區中山路二段 352 號 2F
TEL / (02) 22451480 (代表號)
FAX / (02) 22451479
E-mail：s1686688@ms31.hinet.net
法律顧問　西華律師事務所・黃憲男律師
電腦排版　巨新電腦排版有限公司
印製裝訂　久裕印刷事業有限公司
出 版 日　2019 (民 108) 年 8 月第 1 版
ISBN◉978-986-389-664-7　　條碼 9789863896647

國家圖書館出版品預行編目資料

孫子兵法完全使用手冊：其徐如林／
左逢源著.—第 1 版.—：新北市,普天
民 108.08 面；公分. -（智謀經典；12）
ISBN◉978-986-389-664-7 (平裝)

權謀經典
12

普天之下・盡是好書
普天出版家族 Popular Press Family
凌雲 A-Plus Creative Company 文創

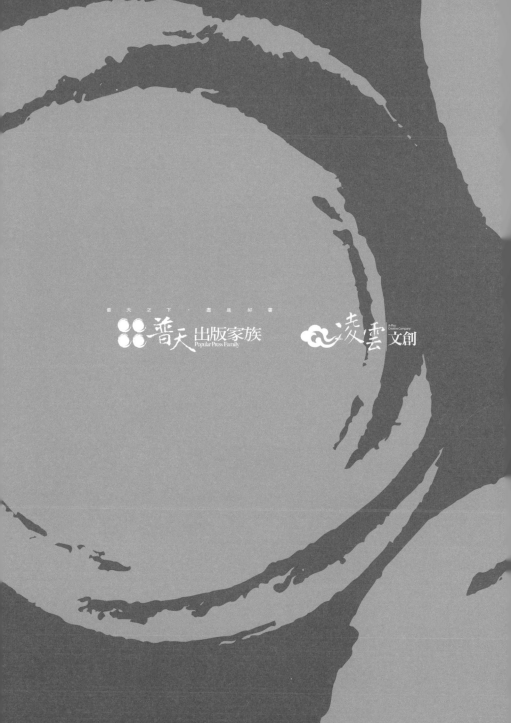